铁系金属化合物电催化分解水制氧性能及机制研究

杜世超 著

哈尔滨

图书在版编目（CIP）数据

铁系金属化合物电催化分解水制氧性能及机制研究 / 杜世超著. -- 哈尔滨 : 黑龙江大学出版社, 2024.4
ISBN 978-7-5686-0540-3

Ⅰ. ①铁… Ⅱ. ①杜… Ⅲ. ①电催化－水－分解－氧气－制造－研究 Ⅳ. ① TQ116.14

中国版本图书馆 CIP 数据核字 (2020) 第 213598 号

铁系金属化合物电催化分解水制氧性能及机制研究
TIE XI JINSHU HUAHEWU DIANCUIHUA FENJIE SHUI ZHIYANG XINGNENG JI JIZHI YANJIU
杜世超 著

责任编辑 李 卉
出版发行 黑龙江大学出版社
地 址 哈尔滨市南岗区学府三道街 36 号
印 刷 天津创先河普业印刷有限公司
开 本 720 毫米 ×1000 毫米 1/16
印 张 9.25
字 数 156 千
版 次 2024 年 4 月第 1 版
印 次 2024 年 4 月第 1 次印刷
书 号 ISBN 978-7-5686-0540-3
定 价 37.00 元

本书如有印装错误请与本社联系更换，联系电话：0451-86608666。

前　言

近年来随着世界经济的快速发展,传统化石能源的储量日渐减少,而能源的需求量却逐年增大。虽然传统化石能源的能量转换给现代生活带来了巨大的方便,促进了近现代工业的大发展,但传统化石能源向电、热等能量转换过程中产生大量的 CO_2、SO_2、NO_x 等污染物,由此带来的大气、水、土壤等环境污染问题也日益严重。为了解决上述的能源危机及环境问题,发展可持续的清洁新能源和能源转换技术成为当今社会的迫切需求。对能源、环境领域具有积极影响的燃料电池、催化分解水、金属空气电池和二氧化碳还原等先进的能源转换技术成为近年来的研究热点。这些新的能源转换技术一般使用氢气等清洁能源,并能实现化学能向电能、热能等的可逆高效转化。

氢能具有燃烧热高、能源转换过程清洁无毒且无污染等优点,近年来受到广泛关注。利用可再生能源生成电能、热能、生物能、光能的主要途径就是将可再生能源直接转换成电能,但由于电压不稳定,难以直接并网利用。而将这些不可存储的可再生能源转换成化学能(如氢能等)进行存储,随后通过燃料电池进行化学能向电能的转换,是解决这一问题的重要途径。在这些过程中氢气是最主要的能源转换载体之一。理想的氢能产生途径是由可再生能源产生的热能、光能、电能直接实现水分解,进而实现热能、光能、电能与氢能之间转换,机械能和生物能等也可以通过间接途径转换成氢能。理论上这种转换模式可实现高效、清洁、可持续的能源转换及存储。

催化分解水制氢是系列能源转换过程中最重要的环节。光催化分解水是光能直接向氢能的转换,它仍处在理论研究状态,随着技术的发展、关键问题的解决,未来可能会实现实用化。电催化分解水具有能源转换效率高、转换方便等优势,因此容易被人们接受,是现在可再生能源转换成氢能的最便捷的途径。

故而近年来为了缓解能源危机及环境问题,研究人员开始关注电催化分解水。而电催化分解水是由电催化分解水制氢及电催化分解水制氧这两个半反应组成的。相对于制氢的两电子过程,电催化分解水制氧作为一个四电子反应,是整个催化过程的动力学迟滞步骤。获得高活性的电催化分解水制氧催化剂,提高电能利用率,并对其反应机理进行探索是本书的研究中心。同时为了更接近于实用化,在此基础上制备了电催化分解水制氢催化剂,并构筑了电催化全解水体系。

由于编者水平有限,书中疏漏和不当之处在所难免,忌请读者批评指正。

目　录

第一章　绪　　论

1.1 引言

氢能的转换、利用给现在社会带来了很多机遇,同时也给科研人员带来了很多挑战,大家的目光都集中在这些能源转换过程中的关键反应步骤上。氢能的转换过程中伴随着氧的还原过程,故而氧的转换过程同样重要。氢、氧能源转换技术的研究核心主要包含以下几个电化学过程:发生在氢氧燃料电池阳极的氢氧化过程(HOR)和阴极的氧还原过程(ORR)以及发生在电解水阴阳两极的析氢反应(HER)和析氧反应(OER)。这四个半反应分属于两个可逆反应:析氢反应和氢氧化反应的热力学平衡电位为 0 V;析氧反应和氧还原反应的热力学平衡电位为 1.23 V。虽然反应是可逆的,但是这四个半反应的极化曲线却并不相同。析氢反应和析氧反应具有较高的过电位,按照 Butler - Volmer 模式进行反应,主要受电化学极化控制;而氢氧化过程和氧还原过程由于被扩散速率限制,其电流在较高的过电位下会稳定在固定值,主要受扩散极化控制。

近年来,许多研究者致力于开发高效、稳定、廉价的电催化分解水制氢及电催化分解水制氧的催化剂,从而降低过电位,提高能源利用效率。本章将对析氧、析氢及电催化全解水过程分别从基本概念、反应机理、催化剂等方面进行综述性介绍。

1.2 电催化分解水制氧

电催化分解水制氧是通过电催化分解水产生氧气的过程。由于该过程为可循环利用的金属 - 空气电池等能源转换及存储技术的关键过程,因此被广泛关注和研究。电催化分解水制氧过程涉及四电子转移,是动力学迟滞过程,具有较大的过电位,因而对于电催化分解水制氧的研究就显得十分重要。同时,氧的电极过程是一个非常复杂的过程,可能改变电极表面状态,故而机理的研究十分困难。

1.2.1 电催化分解水制氧反应历程

电催化分解水制氧的反应历程十分复杂,通常涉及四电子的转移,下面为电催化分解水制氧的反应历程。

酸性体系中,总反应为:

$$2H_2O \longrightarrow O_2 + 4e^- + 4H^+ \tag{1-1}$$

反应历程:

$$^* + H_2O \longrightarrow {}^*OH + H^+ + e^- \tag{1-2}$$

$$^*OH \longrightarrow {}^*O + H^+ + e^- \tag{1-3}$$

$$^*O + H_2O \longrightarrow {}^*OOH + H^+ + e^- \tag{1-4}$$

$$^*OOH \longrightarrow {}^*O_2 + H^+ + e^- \tag{1-5}$$

$$^*O_2 \longrightarrow {}^* + O_2 \tag{1-6}$$

碱性体系中,总反应为:

$$4OH^- \longrightarrow O_2 + 2H_2O + 4e^- \tag{1-7}$$

反应历程:

$$^* + OH^- \longrightarrow {}^*OH + e^- \tag{1-8}$$

$$^*OH + OH^- \longrightarrow {}^*O + H_2O + e^- \tag{1-9}$$

$$^*O + OH^- \longrightarrow {}^*OOH + e^- \tag{1-10}$$

$$^*OOH + OH^- \longrightarrow {}^*O_2 + H_2O + e^- \tag{1-11}$$

$$^*O_2 \longrightarrow {}^* + O_2 \tag{1-12}$$

反应涉及多步电化学过程,同时存在多个中间产物,决定了析氧反应的复杂性。以酸性体系反应历程为例,研究人员根据四电子转移过程通过 DFT 计算模拟出与四电子转移过程相应的四个吉布斯自由能 $\Delta G_{1\sim4}$:

$$\Delta G_1 = \Delta G_{*OH} - \Delta G_{H_2O(l)} - eU + k_b T\ln\alpha_{H^+} \tag{1-13}$$

$$\Delta G_2 = \Delta G_{*O} - \Delta G_{*OH} - eU + k_b T\ln\alpha_{H^+} \tag{1-14}$$

$$\Delta G_3 = \Delta G_{*OOH} - \Delta G_{*O} - eU + k_b T\ln\alpha_{H^+} \tag{1-15}$$

$$\Delta G_4 = \Delta G_{O_2} - \Delta G_{*OOH} - eU + k_b T\ln\alpha_{H^+} \tag{1-16}$$

进而整个反应的吉布斯自由能取决于四电子过程中最大的吉布斯自由能 ΔG_{max},即:

$$G^{OER} = \max\left[\Delta G_1,\ \Delta G_2,\ \Delta G_3,\ \Delta G_4\right] \tag{1-17}$$

同时,在标准体系下的理论过电位为:

$$\eta^{OER} = (G^{OER}/e) - 1.23\ \mathrm{V} \tag{1-18}$$

在实际的制氧过程中,四电子转移过程中的决速步骤为中间体 $^*OOH$ 和

$^*OH$的产生步骤,说明步骤 2 或 3 为电位决定步骤:

$$\begin{aligned} G^{OER} &= \max[\Delta G_2,\ \Delta G_3] \\ &= \max[(\Delta G_{*O} - \Delta G_{*OH}),(\Delta G_{*OOH} - \Delta G_{*O})] \\ &\approx \max[(\Delta G_{*O} - \Delta G_{*OH}), 3.2\ \text{eV} - (\Delta G_{*O} - \Delta G_{*OH})] \end{aligned} \quad (1-19)$$

即可推出在标准体系中的理论过电位可表示为:

$$\eta^{OER} = \{\max[(\Delta G_{*O} - \Delta G_{*OH}),\ 3.2\ \text{eV} - (\Delta G_{*O} - \Delta G_{*OH})]/e\} - 1.23\ \text{V} \quad (1-20)$$

故而可根据($\Delta G_{*O} - \Delta G_{*OH}$)得到电催化分解水制氧催化剂的火山状曲线,从热力学角度提供了析氧电催化剂研究和选择的理论指导。

1.2.2 电催化分解水制氧的电子转移过程

前面介绍了电催化分解水制氧通过四电子转移过程完成催化反应。目前研究者认为,析氧过程是通过两种可能反应历程进行的。

1.2.2.1 直接四电子过程

直接将 H_2O(或者 OH^-)转换成 O_2,通过一步反应完成电催化分解水制氧过程,反应历程如下:

$$2OH^- = 2OH + 2e^- \quad (1-21)$$

$$2OH^- + 2OH = 2O^- + 2H_2O \quad (1-22)$$

$$2O^- = 2O + 2e^- \quad (1-23)$$

$$2O = O_2 \quad (1-24)$$

1.2.2.2 间接两电子过程(过氧化氢机理)

首先 H_2O(或者 OH^-)被氧化转换成 OOH^{ads},随后通过进一步氧化转换成 O_2。通过两步反应完成电催化分解水制氧过程,反应历程如下:

$$2OH^- = 2OH + 2e^- \quad (1-25)$$

$$2OH^- + 2OH = 2H_2O_2^- \quad (1-26)$$

$$2H_2O_2^- = O_2^{2-} + 2H_2O \quad (1-27)$$

$$O_2^{2-} = O_2 + 2e^- \quad (1-28)$$

通过两电子过程完成的反应，过氧化氢是重要的中间体，反应在动力学上的禁阻，同时过氧化氢中间体容易吸附在催化剂表面，从而阻碍反应的进一步发生。

通过以上论述可以看出，四电子过程才是有利于催化反应的电子转移过程。然而，在实际的催化反应中，两电子过程又是无法避免的，故而对如何加快两电子过程反应速率的研究变得尤为重要。

1.2.3 电催化分解水制氧的催化剂

贵金属铱、钌以及过渡金属铁、钴、镍、锰等具有较好的催化活性。在氧电极的阳极过程，特别是在酸性介质中，电催化水制氧的催化剂需要在高于氧的平衡电位下实现阳极氧化。但是许多金属催化剂在热力学上都是不稳定的，在发生析氧反应之前电极表面的金属自身发生氧化甚至溶解，无法作为制氧的催化剂；或者氧析出和金属腐蚀同时发生，导致催化剂稳定性变差，无法完成电催化分解水制氧。因此，在酸性介质中，稳定的析氧催化剂主要为金、铂、铱、钌等贵金属单质及其氧化物。相比较而言，在碱性介质中，极化作用没有那么强，过渡金属铁、钴、镍等可以作为稳定的阳极使用。但是不论是在哪种介质中，催化剂表面均会生成氧化层。因此在电催化分解水制氧过程中，氧气不是在金属表面而是在金属氧化物表面析出。近期有研究表明，一些非金属材料包括杂原子掺杂的碳以及碳氮化合物也具有很好的催化活性。下面将详细介绍贵金属及氧化物、过渡金属及化合物，以及非金属催化剂。

1.2.3.1 贵金属及氧化物催化剂

最开始研究电催化分解水制氧反应时，研究对象主要为单一贵金属，在酸性体系中贵金属单质制氧过电位由低到高排序为 Ru、Ir、Pd、Rh、Pt。随着过电位的升高，贵金属催化剂表面会由于电催化氧化作用产生一层氧化层，而且电催化分解水制氧的活性越高，金属氧化层越容易形成。Pt 形成氧化层需要最高的过电位，故而具有最好的稳定性，而对应的 Ru 的稳定性则最差。金红石相的二氧化钌(r－RuO_2)在酸性及碱性体系中均具有最高的电催化分解水制氧活性。人们通过DFT计算模拟了RuO_2电催化分解水制氧的机理及反应历程,证明其催化过程受到催化剂表面的电子结构、结晶度、粗糙度及孔结构等化学及物理性质影响。在钌基催化剂中,具有最高电催化活性的非晶态RuO_2最主要的缺点就是催化剂在强酸性条件下的稳定性差,在电催化分解水过程中,当过电位大于1.4 V时,RuO_2被氧化成RuO_4而变得具有一定的可溶性,使得催化剂表面高活性的物质发生不可逆转变,导致催化活性明显降低。与RuO_2类似的IrO_2在电催化分解水过程中,虽然其过电位仅稍高于催化活性最好的RuO_2,但是其在电压升高2 V时仍具有很好的稳定性。为了提高电化学活性及热力学稳定性,人们以Ru－Ir合金及其氧化物作为电催化分解水的催化剂。这种混合金属氧化物存在两种催化活性位点,互相具有一定的电子输运能力,使得催化剂始终存在三价及四价的混合价态,进而提高抗电化学腐蚀的能力,表现出较好的稳定性。随后,一些包含贵金属铱、钌的三元金属氧化物如$RuIr_{0.5}Ta_{0.5}O_x$、$Sn_{0.5}Ir_{0.25}Ru_{0.25}O_x$等也被用作电催化分解水制氧的催化剂。对于贵金属催化剂,在酸性和碱性条件下均具有很高的催化活性,然而由于其稳定性差及价格高,在实际应用中受到了极大的限制。

1.2.3.2 过渡金属及氧化物催化剂

一般而言,非贵金属材料作为电催化分解水制氧的催化剂时,都在碱性体系中反应。过渡金属及氧化物催化剂大概可分为三类。

第一类为单一金属氧化物、氢氧化物等,包括钴、镍、锰基催化剂。作为最早被人们研究的非贵金属电催化分解水制氧催化剂,钴(镍)及其氧化物、氢氧化物以及与碳材料或其他金属的复合材料仍然是研究重点,尽管这一系列材料具有较高的电催化活性及稳定性,但是其电化学活性仍然低于贵金属铱、钌化合物。在过渡金属氧化物催化剂中,CoO_x和CoOOH在碱性体系中具有很高的催化活性及稳定性,同时电催化分解水氧化机理被研究得较为透彻。此外,锰基金属氧化物如MnO_x、Mn_2O_3、Mn_3O_4等也在中性及碱性体系中表现出一定的催化能力,但对于锰基材料的电催化分解水氧化的机理不是十分明确。有研究人员推测,催化活性的提高可能主要是由于催化剂中存在的Mn(Ⅲ)离子使得晶格发生畸变,进而导致晶体结构改变,出现氧缺陷及 Mn—O 键长改变等系列变化。故而,Mn(Ⅲ)离子被认为是电催化分解水制氧过程中的活性中心。

第二类为混合金属(氢)氧化物,包括尖晶石 $NiCo_2O_4$、$NiLa_2O_4$等;水滑石 NiFe - LDH、CoFe - LDH 等,钙钛矿 $LaCoO_3$、$Ba_{0.5}Sr_{0.5}Co_{0.8}Fe_{0.2}O_{3-\delta}$等。这类多金属材料(双金属材料、三金属材料)以合金形式或者混晶形式存在,相对于单一金属表现出更高的催化活性。对于这种多金属材料,活性中心依然为第一类材料中所包含的活性金属中心。由于铁系金属具有较高的催化活性,同时价格便宜,故而一般这类催化剂中都包含铁系金属元素。研究人员将催化活性的提高归因于金属中心高低价态之间的能量传输及杂原子掺杂带来的材料功函数的变化,特别是水滑石这种天然的层状双金属氢氧化物,成为近年来制氧催化剂的研究热点。

第三类为分子催化剂,主要为含有 Co 或者 Ru 的复合物及大环类材料。这类催化剂曾作为光催化及光定向合成的催化剂被广泛研究。然而,作为电催化分解水制氧催化剂,这类材料的一大弱点就是在强碱或者强酸条件下稳定性很差,仅在中性条件下稳定性较好。

1.2.3.3 过渡金属氮(硫、磷、硒)化物催化剂

由于电催化分解水制氧通常伴随着较大的过电位,因此在高电位下电极表面上附着的大量氧或者含氧粒子会使催化剂尤其是过渡金属基催化剂发生不可逆的氧化过程。如前所述的具有催化活性的过渡金属氧化物所对应的过渡金属单质,甚至氮、硫、磷、硒化物,在电位达到电化学析氧电位之前,表面均会发生一定程度的氧化,因而表现出优异的制氧活性。经过比较发现,过渡金属氮(硫、磷、硒)化物电催化分解水制氧活性甚至高于所对应的金属氧化物。谢毅课题组提出,过渡金属氮(硫、磷、硒)化物具有类似金属的电子结构,相对于半导体氧化物而言在电催化过程中表现出更高的电荷转移效率,因而具有更优异的电催化分解水制氧性能。值得注意的是,这类催化剂高氧化电位下也只能在碱性或中性体系中保持稳定。

1.2.3.4 非金属催化剂

近年来的研究表明,杂原子掺杂的石墨碳材料(如石墨烯、碳纳米管、纳米石墨等)和碳基混合材料(如 C_3N_4 - 碳纳米管、石墨烯 - 碳纳米管、C_3N_4 - 石墨烯等)也具有一定的电催化分解水制氧的活性。一般这类材料由于具有很大的比表面积,故而单位面积工作电极上可以获得更大的电流,进而提高电流密度。然而,对于这类材料的催化机理及理论计算研究得较少。同时,相对于贵金属催化剂及过渡金属氧化物催化剂,这类非金属催化剂转换频率较低,催化活性及稳定性均不理想。

1.3 电催化分解水制氢

作为电催化分解水的半反应,电催化分解水制氢近年来被广泛研究。通常,氢离子在电极表面得到电子而还原成氢原子后,转换成氢气析出。氢能由于在使用过程中具有零碳排放、无污染、可再生等特点,被公认为清洁能源。

1.3.1 电催化分解水制氢反应历程

电催化分解水制氢包括以下几个过程:(1)液相传质过程;(2)氢离子在催化剂表面吸附并还原成氢原子的过程;(3)电极表面的氢原子脱附过程;(4)脱附的氢原子复合成氢分子并聚集形成氢气泡。电催化分解水制氢的总方程式及反应历程总结如下。

酸性体系中,总反应为:

$$2H^+ + 2e^- \longrightarrow H_2 \tag{1-29}$$

反应历程:

$$H^+ + e^- \longrightarrow H^* \text{(Volmer)} \tag{1-30}$$

$$H^+ + e^- + H^* \longrightarrow H_2 \text{(Heyrovsky)} \tag{1-31}$$

或

$$2H^* \longrightarrow H_2 \text{(Tafel)} \tag{1-32}$$

碱性体系中,总反应为:

$$2H_2O + 2e^- \longrightarrow H_2 + 2OH^- \tag{1-33}$$

反应历程：

$$H_2O + e^- \longrightarrow H^* + OH^- \text{(Volmer)} \tag{1-34}$$

$$H_2O + e^- + H^* \longrightarrow H_2 + OH^- \text{(Heyrovsky)} \tag{1-35}$$

或

$$2H^* \longrightarrow H_2 \text{(Tafel)} \tag{1-36}$$

不论哪种反应历程，电极表面的氢原子吸附都是电催化分解水制氢反应的第一步。在酸性体系中，电极表面的氢原子吸附是通过电解液中的氢离子与电极表面的电子复合实现的，称为 Volmer 反应。第二步反应氢原子脱附形成氢分子则有两种可能的途径：一种称为 Heyrovsky 反应，电解液中的氢离子从电极表面得到一个电子后与第一步吸附在电极表面的氢原子复合，从而形成一个氢分子；另一种称为 Tafel 反应，是两个邻近的吸附在电极表面的氢原子结合成一个氢分子的过程。在碱性体系中，电极表面的氢原子吸附与酸性体系类似，不同的是多了一个水解离的步骤，而正是这一个水解离的步骤带来的能量禁阻影响整个反应的反应速率。制氢反应通常先经过一步 Volmer 反应产生吸附在电极表面的氢原子，而后发生 Heyrovsky 反应、Tafel 反应或两个反应同时发生，产生氢分子。

1.3.2 电催化分解水制氢的催化剂

不论电催化分解水制氢反应通过哪种途径发生，电极表面的氢原子（H^*）都是重要的中间体。因此氢吸附的吉布斯自由能（ΔG_H）是现在公认的衡量催化剂性能的重要指标。ΔG_H接近于零的贵金属铂，是现在公认的性能最好的电催化分解水制氢的固相催化剂。如果 ΔG_H是正值，其值越大，H^{ads}与电极之间结合力越强，第一步 Volmer 反应越容易发生，而接下来的 Heyrovsky 反应或 Tafel 反应则越难发生。如果 ΔG_H是负值，其值越大，H^{ads}与电极之间结合力越弱，Volmer 反应越慢，整个反应的转化效率越低。因此最理想的非铂基电催化分解水制氢催化剂一般也应具有适当的表面性质且 ΔG_H接近于零。

构筑电催化分解水制氢催化剂的元素按物理化学性质大致可分为三组：(1)贵金属铂(Pt)；(2)过渡金属，包括铁(Fe)、钴(Co)、镍(Ni)、铜(Cu)、钼(Mo)和钨(W)；(3)非金属元素，包括硼(B)、碳(C)、氮(N)、磷(P)、硫(S)

和硒(Se)。其中 Pt 系金属虽具有较高的电催化活性,但是由于其价格昂贵以及储量较低,实际应用受到限制。故近年来的研究主要集中于非贵金属催化剂,包括过渡金属硫化物、硒化物、碳化物、氮化物、磷化物以及杂原子掺杂纳米碳催化剂。

1.3.2.1 过渡金属硫化物催化剂

受到固氮酶和氢化酶结构的启发,研究人员开发了一系列具有与上述两种酶相似的结构和作用的金属硫化物高效电催化分解水制氢催化剂。

(1)二硫化钼

二硫化钼(MoS_2)电催化分解水制氢的研究可以追溯到 20 世纪 70 年代。初期研究表明,块状的 MoS_2 没有电催化分解水制氢的性能。直至 2005 年,Hinnemann等人发现 MoS_2边缘的 Mo 与固氮酶有着类似的活性位点,同时,证明了在 MoS_2边缘的氢原子吸附能与铂相近,在理论上表明 MoS_2催化分解水制氢的可能性。之后研究人员通过剥离片层、合成纳米粒子、造孔等手段获得了具有大量边缘活性位点的 MoS_2纳米材料,实现了高效的电催化分解水制氢。同时发现,在其中引入杂原子也是提高电催化性能的有效途径。刻意引入金属或非金属杂原子到 MoS_2 的晶格中可以改变主体材料电子及表面结构等,从而提高 MoS_2 电催化性能。迄今为止,金属元素钴、镍、钒和锂等均被成功掺杂到 MoS_2 晶体中,提高了 MoS_2电催化性能。谢毅课题组发现氧掺杂之后,MoS_2 的催化性能也有所提高。

经过进一步研究,人们发现无定形 MoS_x也具有一定的电催化分解水制氢性能。2011 年,Hu 等人通过电沉积的方法制备了无定形的 MoS_2,同时发现了这种无定形的 MoS_2 也具有电催化分解水制氢的性能。在无定形 MoS_2 中,不饱和的硫原子被认为是电催化分解水制氢的活性位点,与晶态 MoS_2 边缘的活性位点类似。进一步研究发现,类似于晶态的 MoS_2 和无定形 MoS_2 都可以通过杂原子(锰、铁、镍、钴、铜和锌)掺杂提高催化性能。

(2)二硫化钨

由于分子结构和电子结构与 MoS_2 类似,二硫化钨作为电催化分解水制氢催化剂,近年来也广受关注。类似于 MoS_2 的研究思路,通过控制合成各种形貌的纳米二硫化钨可以调控其电化学性能。其中最值得关注的是通过化学剥离的方法制备高性能的二硫化钨片。Chhowalla 课题组在 2013 年通过锂离子插层制备了单层的 MoS_2，随后他们又通过简单水热法制备了单层的二硫化钨。此外二硫化钨纳米薄片也可以通过 CVD 法、超声剥离法制备。这一类纳米薄片也有大量的边缘活性位点，表现出优异的电催化分解水制氢的活性。同样，钴、镍的掺杂也对二硫化钨催化性能的提高有所帮助。

(3)硫化铁、钴、镍

氢化酶是一种可以在很低的电位下催化氢离子和电子反应生成氢分子的活性生物酶，其催化活性甚至高于商业铂碳，是目前所知道的最高效的电催化分解水制氢催化剂。不论是哪种类型的氢化酶，活性中心都是铁或者镍两种金属。值得一提的是，活性中心为[NiFe]和[FeFe]的氢化酶是两类被研究最多的酶，其形成的金属硫化物簇包裹在蛋白质中。故而，研究人员尝试使用镍及铁的硫化物开发制氢催化剂，经实验发现，硫化镍及硫化铁具有优异的电催化分解水制氢的催化活性。随后研究人员发现，同为铁系金属的元素钴的硫化物也具有良好的电催化分解水制氢的性能。

1.3.2.2 过渡金属硒化物催化剂

硒(Se)及硫(S)为ⅥA 族相邻周期的非金属元素，因此这两种元素在性能上具有很多共同点。两种元素的最外层均为六电子，同时具有相似的价态，所以与金属硫化物相似，金属硒化物也具有很好的电催化分解水制氢能力。但硒和硫在性能上也有一些不同点：(1)硒化物相比于硫化物偏向于金属性，使得硒化物具有更高的电导率；(2)硒的原子半径大于硫；(3)硒的电离能比硫小。因此，金属硒化物在电催化分解水制氢上可能具有更为独特的催化活性。具有电催化分解水制氢活性的电催化剂包括硒化钨、硒化钼、硒化铁、硒化钴、硒化镍及硫掺杂金属硒化物。

1.3.2.3 过渡金属碳化物催化剂

Levy 和 Boudart 在 1973 年发现碳化钨具有与铂类似的 d 轨道电子态密度，

进一步研究表明此类材料具有类铂性。最初,金属碳化物作为贵金属铂的替代材料,在分解乙醇等反应中表现出理想的催化活性。因为铂基催化剂具有优异的电催化分解水制氢的性能,故而金属碳化物逐步作为替代品进行电催化分解水制氢。不同碳化物(如碳化钨、碳化钛)以及纯碳等,在相同条件下的催化活性也不尽相同。其中,金属钨、钼碳化物在众多金属碳化物材料中表现出较为突出的电催化分解水制氢的性能。

1.3.2.4　过渡金属氮化物催化剂

过渡金属氮化物也具有优异的电催化析氢性能。一方面,氮原子会改变与其配对的金属的 d 电子结构,使金属 d 带收缩,这种电子结构导致过渡金属氮化物相比贵金属(如钯、铂)尺寸更小。另一方面,由于其原子半径较小,氮可以完美地嵌入晶格中,金属原子的排列更加紧密,从而使过渡金属氮化物材料具有比较强的电子传输能力。同时,由于其具有耐腐蚀特性,相对于金属及合金,该催化剂具有更可靠的性能。研究发现,过渡金属氮化物(包括钨、钼及铁、钴、镍)具有较好的电催化分解水制氢性能。随后人们发现,双金属氮化物(如Ni - Mo、Co - Mo)相比于单一金属氮化物电催化分解水制氢性能更加优异。

1.3.2.5　过渡金属磷化物催化剂

与过渡金属硫化物相比,磷化物也具有类似氢化酶的结构,因而近年来研究人员致力于开发其在电催化分解水制氢方面的性能。Rodriguez 课题组首次通过 DFT 方法计算出 Ni_2P 作为电催化分解水制氢催化剂具有较低的过电位,同时证明 $Ni_2P(001)$ 晶面电催化分解水制氢的活性最高。在 Ni_2P 中磷取代镍,镍原子浓度降低,这使得 $Ni_2P(001)$ 晶面相比于纯金属镍具有更类似于氢化酶的结构。非金属原子磷和孤立的金属原子分别作为质子和氢受体活性中心。换言之,质子及氢受体活性同时存在于 $Ni_2P(001)$ 晶面,这就是有利于电催化分解水制氢的“协同作用”。此种作用方式类似于[NiFe]氢化酶及类似物催化的作用机理。此外,研究人员发现,在电催化分解水制氢反应过程中,氢与镍缺陷位点有很强的相互作用,但是磷的存在更容易促使吸附氢从 $Ni_2P(001)$ 晶面脱出。同时磷化物与碳化物、氮化物等类似,具有较强的金属性,故而表现出较高的机械强度、较强的电子传输能力及化学稳定性。

与碳化物及氮化物具有简单的晶体结构(如面心立方、六方紧密堆积或简单六角形)不同,磷的原子半径大(0.109 nm),使得磷化物共晶的晶体结构一般基于三棱柱结构。尽管这种柱状结构类似于硫化物,但是金属磷化物一般形成各向异性的晶体结构,而不是硫化物那样的层状结构。这种结构的差异可能导致金属磷化物表面相比于金属硫化物含有更多的不饱和原子,故而金属磷化物比金属硫化物具有更好的电催化分解水制氢的能力。目前典型的具有电催化分解水制氢活性的过渡金属磷化物材料包括钨磷化物、钼磷化物、铁磷化物、钴磷化物、镍磷化物及铜磷化物,以及上述两种或两种以上金属共存的磷化物。同时这些磷化物一般在全 pH 值条件下均具有较好的电催化分解水制氢性能。

1.3.2.6 杂原子掺杂纳米碳催化剂

据前所述,纳米碳材料(如石墨烯、碳纳米管)通常作为电催化分解水制氢催化剂的支持材料,以提高催化活性及稳定性。碳纳米材料由于具有大比表面积,因此电子传输及转移能力较强,电化学性能好。纳米碳材料具有稳定的化学性质,使其本身一般不具备发生电化学反应的条件,例如单纯的碳材料不具有电催化分解水制氢的能力。然而,经过杂原子掺杂,其化学组成发生变化,从而具备了电催化分解水制氢的能力。与传统的金属基电催化分解水制氢催化剂不同,这类材料的活性中心不涉及任何金属离子。即使这类碳纳米材料含有少量金属,通常金属也被碳材料完全覆盖,而无法作为活性中心参与反应。近年来,这类非传统的催化材料由于具有理化性能良好、廉价等特点,越来越受到研究人员的重视。

通常,杂原子掺杂会使碳纳米材料形成缺陷,进而调节碳纳米材料的理化性能。同时,在催化反应过程中,杂原子的引入可以使原子或分子物种向期待产物转换。通常引入的杂原子包括氮、磷、硫、氟。乔世璋课题组通过 DFT 计算模拟了杂原子掺杂纳米碳材料的电子特性。通过 DFT 可以得出以下结论:(1)氮、氧掺杂时,碳作为电子受体,而氟、硫、硼、磷则作为电子供体;(2)氮、磷掺杂的石墨碳具有有利于吸附态氢(H^*)解吸附的结构,证明其可能具有最优的电催化分解水制氢活性;(3)不同的 H^* 在石墨烯上的吸附行为与石墨烯价带轨道相关。根据理论预测,他们制备了氮磷共掺杂的石墨烯,在电催化分解水制氢性能测试中过电位明显低于单原子掺杂的石墨烯样品,与一些过渡金属催化剂也具有可比性。此外,他们还发现 C_3N_4 与氮掺杂石墨烯在电催化分解水制氢方面也表现出优异的电催化活性。

1.4　电催化全解水

电催化全解水分为两个半反应:电催化分解水制氧及电催化分解水制氢,因而需要同时提高两个半反应的催化活性,进而提高能量转换效率。而高效的催化剂可以降低过电位,减少电能的使用量,同时廉价而稳定的催化剂可以直接降低成本,满足这些条件即可以制备具有较高价格优势的氢能源。一般我们利用三电极体系对电催化析氢、析氧过程的催化材料进行研究。在本章的前半部分分别对近年来研究的一些廉价、高效、稳定的两个半反应的电催化材料进行了综述,而在这一小节着重介绍利用两电极体系组装的电催化全解水电解池。

1.4.1　电催化全解水电解池的构成

电催化全解水电解池由外接直流电源、电解液及阴阳极构成。首先是外接直流电源,其主要起到两个作用:(1)维持体系电流平衡;(2)电子在电解体系中由负极流向正极时被消耗,使得电解液中的氢离子转换成氢气。其次是电解液,其在电催化分解水体系中扮演着重要角色。一般电解液包含高浓度的支持电解质,从而提高导电率,同时提供高浓度的反应物(H^+ 或者 OH^-)。硫酸或氢氧化钾经常被用作支持电解质,构成酸性或碱性的电解体系。由于许多催化剂为过渡金属氧化物,在酸性体系中不稳定,故而实际应用中氢氧化钾溶液为最常用的电解液。最后,也是最为重要的是电解池的阴阳极,制氧极作为阳极发生氧化反应,制氢极作为阴极发生还原反应。在电解过程中,氢离子向阴极迁移,在氢电极表面聚集,产生氢气,氢氧根向阳极迁移,在氧电极表面聚集,产生氧气。在实际应用中,氢气及氧气分别收集,所以通常在电解槽的阴阳两极中间放置隔膜,同时配套氢气和氧气的收集装置。

在实际应用中,电化学全解水体系的建立必须要有一个高效、稳定、大尺寸的电极。一般在催化剂研究过程中,通常将催化剂粉体分散制成浆料涂覆在玻璃碳等研究电极表面,干燥后采用三电极体系进行研究。而这种研究方法在全解水体系的实际应用中是不可行的。为了解决这一问题,一般采用涂覆或直接生长两种方法实现催化剂在大尺寸集流体上的负载,从而制备大尺寸电极。集流体一般选用价格低廉的泡沫镍、FTO、碳纤维纸等。

1.4.2 电催化全解水电解池的热力学因素

水是自然界中较稳定的物质,要破坏水分子键形成氢气及氧气,在热力学上是十分困难的。如果想完成电催化分解水,最少要克服其平衡电位——E^{Θ}。总反应由两个不同的半反应构成,平衡电位即为维持正负两极反应电位的总和,表示为:

$$E^{\Theta} = E^{\Theta}_{\text{anode}} + E^{\Theta}_{\text{cathode}} \tag{1-37}$$

通过电化学反应的平衡电位,可以推出反应的吉布斯自由能 ΔG:

$$\Delta G^{\Theta} = nFE^{\Theta} \tag{1-38}$$

其中,n 为反应过程中的电子转移数,F 为法拉第常数,25 ℃时平衡电位为 1.23 V,将上述常数代入则得到 $\Delta G^{\Theta} = 237.2\ \text{kJ} \cdot \text{mol}^{-1}$,此为电催化全解水过程所需要的最小能量值。只有在获得足够电能时,反应在热力学上才是可行的,同时假设反应在绝热体系中进行,反应的熵变必须全部由电能提供。在这种环境下,电能全部用来参加电化学反应,没有热产生或吸收。

通常,即使外加电压达到平衡电位,满足理论热力学上的要求,水分解反应仍难以发生。此时,为了克服能量禁阻,促使反应发生并产生气体,需要提供额外的电压,而这部分由外接电路给出的比平衡电位高的那部分电位称作过电位(η)。这部分额外的能量被用来完成离子的定向迁移并克服整个电路(隔膜)的电阻,同时还有部分能量用来平衡体系的电压降(也称作 iR 降,其中 i 为通过整个电解池的电流,R 为这个电解池体系阻抗的总和),则电催化全解水体系所需的电压可表述为:

$$E_{\text{cell}} = E_{\text{anode}} + E_{\text{cathode}} + \Sigma\eta + iR_{\text{cell}} \tag{1-39}$$

工业上维持电解水体系电流密度在 300 ~ 1000 $\text{A} \cdot \text{m}^{-2}$ 时所需的电压为 1.8 ~ 2.0 V。产生氢气、氧气能量禁阻,离子的定向迁移及气泡产生带来的阻

抗是过电位的主要来源。假设在一个温和的体系中,气泡产生和离子定向迁移可以被忽略,过电位的和则被表示为:

$$\Sigma\eta = |\eta_{anode}(j)| + |\eta_{cathode}(j)| \quad (1-40)$$

其中,j 是电解池的电流密度(电流除以电极面积)。过电位和电阻值都随着电流密度的增大而增大,部分能量并没有转化成氢能,而是转化成热能。

同时,电催化分解水的反应电位除了与上述条件有关,与体系温度也有很大关系。平衡电位表示的是热力学上电化学分解水所需的最小电位值,在平衡电位曲线之下,分解水反应不可能完成。平衡电位曲线是与温度相关的曲线,故而会随着温度的升高而下降。热中性电位曲线则表示电解池的实际最小电位值,低于这个值时电解过程是吸热反应,而高于这个值则电解过程为放热反应。

1.4.3 电催化全解水电解池的动力学因素

电催化全解水涉及的电化学反应步骤指的是参加反应的物质在电极、电解液界面得失电子生成氢气或氧气的过程。总体来说,控制电催化全解水的动力学因素包括受双电层影响的扩散因素和生成氢气及氧气的化学反应速率因素,即电荷传递和化学反应两部分。

一般,当电极电位较低时,电化学反应本身的平衡状态基本未遭到破坏,此时表现出的极化过程为浓差极化,即电极过程受到扩散过程控制。此时,与电极表面紧密接触的双电层决定了电极的反应速率,电极的反应速率通常与电极表面本身的状态有关。这种低电极电位下的电荷传递过程即为双电层电容过程。以氢氧化钾电解液体系为例,电荷层(由氢氧根离子和钾离子组成)主要与电极表面所带电荷的情况有关。反应的电极电位决定反应速率。为了研究电极的动力学过程,通常在宏观上根据电流密度与表面过电位的关系以及电极表面接触的电解液进行估计。对于双电层电容,溶剂分子及吸附物种在电极表面累积的离子形成一个流动的电容层。在接近电极表面的一层排列有序的电荷分布层为内亥姆霍兹层(IHL),而另一个有序度稍差的电荷分布层为外亥姆霍兹层(OHL)。电极表面的电荷平衡通过电极附近相反电荷的离子来维持。由于电极表面和电解液中存在着双电层电容,因此界面电势清晰可见。

在动力学过程中,电极表面的电容特性同样需要考虑。根据法拉第定律,

电解物种 N 可以通过下式表示：

$$N = Q/(nF) \tag{1-41}$$

其中，Q 为整个反应发生库仑转移的总电荷量，n 为电极反应中电荷转移的化学计量值，F 为法拉第常数，则电解反应的反应速率可表示为：

$$R = \mathrm{d}N/\mathrm{d}t \tag{1-42}$$

通常电极面积(S)在动力学研究过程中也应考虑，所以电解反应的速率可表示为：

$$R = i/(nFS) = j/(nF) \tag{1-43}$$

其中，j 为电流密度。随着电催化分解水的电极电位升高，分解水反应开始发生，电子转移步骤(即电化学极化)成为动力学过程的速控步骤。此时化学反应速率常数 k 则可通过阿伦尼乌斯方程计算：

$$\ln k = -E_A/(RT) + \ln A \tag{1-44}$$

其中，A 为指前因子，也称为阿伦尼乌斯常数，单位与 k 相同；E 为活化能，$\mathrm{kJ \cdot mol^{-1}}$；$T$ 为绝对温度，K；R 为气体常数，$\mathrm{kJ \cdot mol^{-1} \cdot K^{-1}}$。

电化学反应过程通常涉及多电子转移，然而一个反应单元(如离子、原子等)很难同时发生多电子转移，所以一般多电子参与的电极反应往往是通过几个电子的转移连续进行而完成的。对于单电子反应，可以通过电流与反应速率的关系推出，并根据电极表面的电流密度和液接电位给出Butler - Volmer 方程：

$$j = j_0[\mathrm{e}^{-\alpha F\eta} - \mathrm{e}^{(1-\alpha)F\eta}] \tag{1-45}$$

其中，j_0为交换电流密度，即电催化分解水平衡状态下氧化态粒子和还原态粒子在电极/溶液界面的交换速度。根据上面的表达式可以估算出每个电极的过电位。在较大的过电位(>118 mV ,25 ℃)下传质过程可以被忽略，当过电位较大且为负值时，即 $\mathrm{e}^{-\alpha F\eta} \gg \mathrm{e}^{(1-\alpha)F\eta}$，电流密度和过电位可通过 Butler - Volmer 方程进一步转化为：

$$\eta = [2.3RT/(\alpha F)]\lg j_0[-2.3RT/(\alpha \mathrm{F})]\lg j \tag{1-46}$$

设 $a = 2.3RT/(\alpha F)$，$b = -2.3RT/(\alpha F)$，上述等式可以表示为：$\eta = a\lg j_0 + b\lg j$。过电位及电流密度的对数呈线性关系，b 为塔菲尔斜率。塔菲尔斜率及交换电流密度通常是用来比较电极电化学过程的动力学参数。

1.4.4 电催化全解水电解池的过电位

电催化全解水的过电位需要同时支持阳极电催化分解水制氧及阴极电催

化分解水制氢两个半反应,识别阴极和阳极对开路电压的贡献对于理解过电位是十分必要的。阴极、阳极过电位分别可通过塔菲尔公式表示:

$$\eta_{阴极} = [2.3RT/(\alpha F)]\lg(j/j_0) \tag{1-47}$$

$$\eta_{阳极} = \{2.3RT/[(1-\alpha)F]\}\lg(j/j_0) \tag{1-48}$$

实际的开路电压则可表示为:

$$E = 1.23\ \mathrm{V} + \eta_{阴极} + \eta_{阳极} + \eta_{其他}$$

其中,$\eta_{其他}$为其他形式阻抗消耗的电位。

通常来说,电极具有高交换电流密度和低塔菲尔斜率代表反应具有较快的动力学过程,具备高催化活性。

第二章　四氧化三钴纳米晶墨水 - 碳纤维纸电极电催化分解水制氧性能研究

2.1 引言

电催化分解水包括在阴极发生的电催化分解水制氢及在阳极发生的电催化分解水制氧两个半反应，理论上外加电压至少为1.23 V，而实际上开路电压通常会远高于1.23 V。为了降低过电位，建立高效稳定的电催化分解水体系是十分必要的。对于电催化分解水制氧来说，需要完成四电子转移过程，这是提高分解水效率的重要半反应，通常贵金属铱基、钌基材料是最有效的电催化分解水制氧的催化剂。而贵金属铂基催化剂是现在最有效的电催化分解水制氢的催化剂，但是其电催化分解水制氧性能却并不理想。显然，很难获得一种同时具有高电催化分解水制氧及制氢能力的催化剂。铱、钌或者是铂都属于贵金属，作为催化剂价格昂贵，存储量少，很难得到广泛应用。因此，设计并制备一种同时具有电催化分解水制氢及电催化分解水制氧双功能的高效、稳定、廉价的催化剂显得尤为重要。

近年来，铁、钴、镍和锰等过渡金属氧化物材料已经被发现具有电催化分解水潜力。研究表明，钴的氧化物在同一反应体系中有希望作为电催化分解水双功能催化剂。d轨道电子赋予钴基材料较高电催化分解水活性。毫无疑问的是，催化剂表面更多暴露的d轨道电子可以进一步提高钴基催化剂的催化活性。

而为了实现电催化分解水，在制备高性能催化剂的前提下，还需要制备大尺寸、统一的催化剂电极。一般通过涂覆法、喷涂法等将催化剂的分散浆料负载在集流体上制备电极。其中喷涂法应用在小尺寸催化剂的负载上有很大优势，方法简单，负载均匀且薄厚可调，并可根据集流体大小控制电极大小。而对于小尺寸的纳米晶来说，将包含有它的胶体分散液喷涂在集流体上则可以直接用作电催化分解水催化剂电极。这里可以稳定分散到溶液中的钴基纳米晶溶胶是整个实验设计的中心。一般为了得到高稳定性的纳米晶墨水，可通过强溶剂化的长链有机物单个纳米晶互相排斥的强大作用力来克服小尺寸粒子间的相互吸引。这种作用可以使得产物保持小尺寸的同时，增加纳米粒子的分散性，为纳米催化剂负载到集流体上提供了方便。这种长链虽然为材料制备提供了很多方便，但是在电催化过程中也阻碍了活性位点的暴露，使得反应活性降低。为了去除催化剂表面包裹的长链有机物，一般会在空气中高温煅烧，但与此同时，催化剂聚集导致活性降低也是不可避免的。

经过以上分析，本章中笔者通过溶剂热法制备了一种表面包覆油酸的小尺寸四氧化三钴纳米晶的碳纤维纸电极，将其用于电催化全解水的研究。首先，笔者通过 170 ℃溶剂热反应，热分解油酸氨合钴 $Co(NH_3)_n^{2+}$ – OA 制备了高质量的可以均匀分散在甲苯溶液中的油酸保护的四氧化三钴纳米晶（OA – Co_3O_4 NC）溶胶，称作纳米晶墨水。随后将纳米晶墨水直接喷涂在碳纤维纸上，干燥后作为工作电极。为了除去催化剂表面的油酸以暴露更多活性位点，笔者采取了一种最为温和的手段——氢氧化钾浸泡。负载在碳纤维纸上的暴露的四氧化三钴纳米晶可以直接用作自支持电极，作为具有电催化分解水制氧、制氢双功能的催化电极，测试结果表明其具有高活性及高稳定性。

2.2 实验部分

2.2.1 四氧化三钴纳米粒子的制备

2.2.1.1 相转移法制备油酸氨合钴

将 40 mL 0.75 mmol · L^{-1}的硝酸钴溶液与 1.5 mL 氨水混合，随后加入等体积含有 3 mL 油酸的乙醇溶液，常温下搅拌 3 min 后加入40 mL 甲苯，继续搅拌 5 min，转移到分液漏斗中静置，直到完全分层，通常静置时间为 10 ~ 20 min。上层为甲苯层，最终呈深绿色，下层为水、乙醇层，最终几乎无色透明，分液后即得到油酸氨合钴 $Co(NH_3)_n^{2+}$ – OA 甲苯溶液。

2.2.1.2 制备油酸保护的四氧化三钴纳米粒子

取 38 mL $Co(NH_3)_n^{2+}$ – OA 甲苯溶液，转移到 40 mL 水热釜中，随后将水热釜在 170 ℃下保温 2 ~ 5 h。待水热釜自然冷却至室温后，将液体取出，加入两倍（体积比）以上的乙醇，将产物沉淀下来。随后离心分离，再次分散在甲苯中，用乙醇沉淀、洗涤，反复三次以上。将最终产物再次分散到 10 mL 甲苯中，得到 OA－Co_3O_4 NC 溶胶，即纳米晶墨水。作为对比，将最终产物晾干，将得到的粉体在 300 ℃空气中煅烧 2 h，去除表面包覆的油酸，煅烧后的产物记为 Co_3O_4 NC。

2.2.2　电化学测试

2.2.2.1　工作电极制备

工作电极为纳米晶－碳纤维纸电极。取 5 mL 之前制备的四氧化三钴纳米晶墨水，用喷笔在一定压力下均匀喷涂在面积为 6 cm^2（1.5 cm×4.0 cm）的电极上，烘干后得到油酸保护的 OA－Co_3O_4 NC CFP。随后将其浸泡在 1 $mol \cdot L^{-1}$的 KOH 溶液中 24 h，去除电极表面的油酸，得到 Co_3O_4 NC CFP，用作工作电极。为了进一步得到详细的四氧化三钴催化剂的负载比例，笔者将制备好的面积为 1 cm^2的碳纤维纸用 10 mL 盐酸（0.02 $mol \cdot L^{-1}$）超声浸泡 1 h，使表面的钴以离子形式完全溶解到盐酸溶液中，用 ICP－OES 确定钴离子浓度，换算得到碳纤维纸上负载的四氧化三钴纳米晶的量约为 0.35 $mg \cdot cm^{-2}$。随后将碳纤维纸剪切成大小为 1.0 cm×1.5 cm 的电极，夹在铂电极夹中，其中 0.5 cm×1.0 cm 被电极夹覆盖，保持有效的电极面积约为 1 cm^2。

2.2.2.2　电化学测试

电化学测试通过典型三电极体系完成，电化学系统通过 VersaSTAT 3 工作站控制并记录。典型的三电极体系由面积为 2 cm^2的铂片作为对电极，纳米晶－碳纤维纸作为工作电极，甘汞电极作为参比电极，电解液为 1 $mol \cdot L^{-1}$的 KOH。每次正式测试前，都需在相同体系下以 50 $mV \cdot s^{-1}$的扫速进行约 50 圈的循环伏安扫描，以得到稳定的电极表面，稳定后每 2 圈循环伏安曲线能重合。随后再进行极化曲线的测试，扫速控制在 5 $mV \cdot s^{-1}$。稳定性测试通过恒电流及恒电位测试完成，恒电流测试条件为 10 $mA \cdot cm^{-2}$（或－10 $mA \cdot cm^{-2}$），恒电位测试条件为 1.55 V（或－0.38 V）。其他对比样也通过同样方法完成测试，测试温度为室温(约为 25 ℃)。最后为了完成全解水测试,笔者组装了两电极体系,将两片纳米晶－碳纤维纸分别作为阴极和阳极,电解液为1 mol·L^{-1}的 KOH。

2.2.2.3 塔菲尔斜率计算

塔菲尔斜率通过塔菲尔公式 $E=b\lg(j/j_0)$完成,其中 E 为过电位,b 为塔菲尔斜率,j 为电流密度,j_0为交换电流密度。

2.3 结果分析与讨论

2.3.1 物性表征

本章核心是获得单分散的小尺寸纳米粒子,在合成过程中控制成核及生长是十分重要的。在合成的初始阶段需要一个快速成核的过程,随后需要进一步控制生长,这样才有可能得到小尺寸纳米粒子。钴离子、氨水和油酸配位形成$Co(NH_3)_n^{2+}$－OA,随后在溶剂热条件下进行热分解制备小尺寸纳米晶。首先,笔者对相转移步骤进行分析讨论。图 2－1 为相转移效果图,正常相转移体系包括钴溶液、乙醇、氨水、甲苯及油酸,三个样品瓶分别为(a)体系中没加入氨水、(b)体系中没加入油酸、(c)正常相转移体系的光学照片。体系中存在三种溶剂,分别为水、乙醇、甲苯,体积比为 1:1:1,一般乙醇和水互溶度很高,而甲苯与其他两相完全不互溶,在光学照片上体现出明显分层,上层为甲苯层,下层为乙醇和水层。图 2－1(a)为体系中没加入氨水,钴离子完全溶在水相中,呈淡粉色,而甲苯溶液澄清透明,由于体系中没加入氨水,无法完成钴离子的相转移。图 2－1(b)为体系中没加入油酸,钴离子与氨水配位后呈深绿色,而且完全溶解在水相中,而甲苯溶液澄清透明,由于体系中没加入油酸,无法完成钴离子的相转移。图 2－1(c)为正常的相转移照片,体系中加入氨水和油酸,钴离子与氨配位后变成深绿色,氨水配位后的钴离子由于油酸的作用,在水中溶解度降低,而在甲苯中溶解度增高,所以 $Co(NH_3)_n^{2+}$－OA 转移到甲苯相中。体系中乙醇与水以任意比互溶,而与甲苯也有一定溶解度,是用来辅助相转移的。

图 2-1　$Co(NH_3)_n^{2+}$-OA 的相转移照片

(a)未加入氨水;(b)未加入油酸;(c)分散在甲苯中的 $Co(NH_3)_n^{2+}$-OA

(上层为甲苯层,下层为乙醇和水层)

为了了解制备的纳米晶墨水中纳米粒子的组成,笔者首先对样品进行了 XRD 和 Raman 测试,如图 2-2 所示。在 XRD 图谱中可以看出样品结晶很弱,三个衍射峰分别在 $2\theta = 37.8°$、$46.8°$ 和 $59.8°$,分别对应的是四氧化三钴的(311)、(400)和(511)衍射峰。这说明得到的样品是小尺寸的四氧化三钴纳米晶。相应的 Raman 光谱图如图 2-2(b)所示,可以观察到五个伸缩振动峰,所对应的位置分别为 194 cm^{-1}、482 cm^{-1}、521 cm^{-1}、619 cm^{-1} 和 692 cm^{-1},恰好是四氧化三钴的 F_{2g}、E_g、F_{2g}、F_{2g}、A_{1g} 振动模式的伸缩振动峰,所对应的也是四氧化三钴的 Raman 伸缩振动。通过 XRD 与 Raman 的综合分析,可以初步得出结论,所得到的样品为小尺寸的四氧化三钴纳米晶。

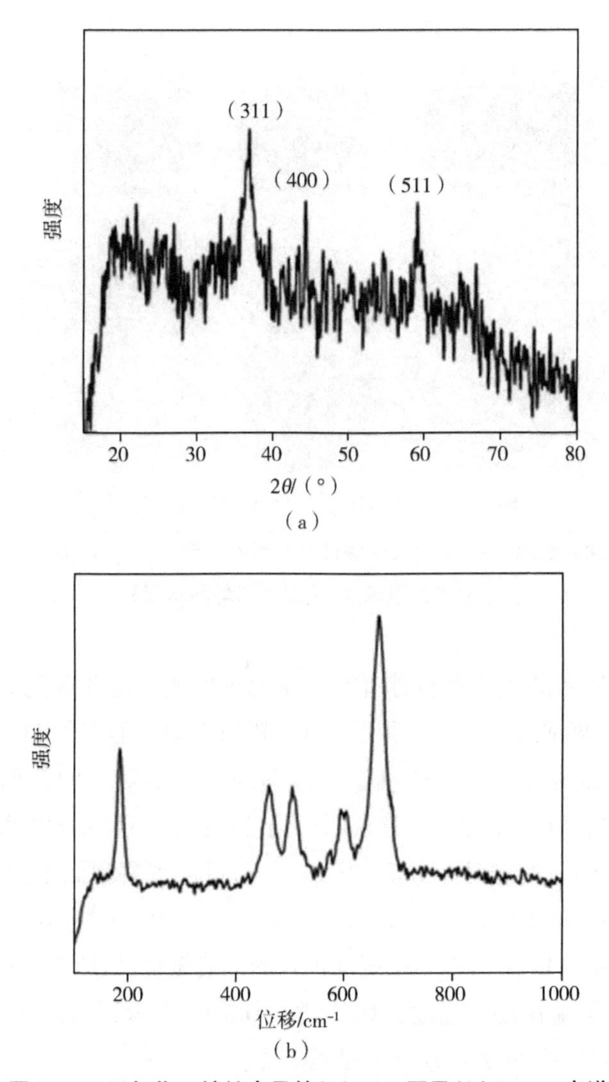

图 2-2　四氧化三钴纳米晶的(a)XRD **图及**(b)Raman **光谱**

随后,为了进一步证明所制备的纳米晶表面化学组成以及所包含元素的价态,笔者对四氧化三钴纳米晶进行了 XPS 测试,图 2-3(a)和图 2-3(b)分别为四氧化三钴纳米晶的全谱及 Co 2p 的 XPS 谱图。从 XPS 全谱中可以观察到 Co、O、C 三种元素,并可以得到各个元素在材料中所占的百分比,其中钴与氧的比为 3:4.4,接近于四氧化三钴的 3:4 的物质的量比,得到的数据含氧量偏高可能是由于表面吸附氧。在 Co 2p 的 XPS 谱图中可以观察到两个主峰,结合能分别为 795.3 eV 和 780.0 eV,分别对应的是 Co 的 $2p^{1/2}$ 和 $2p^{3/2}$ 自旋轨道分裂,同时伴随着两个肩峰,这种特征的 XPS 峰对应的是四氧化三钴的特征结合能。

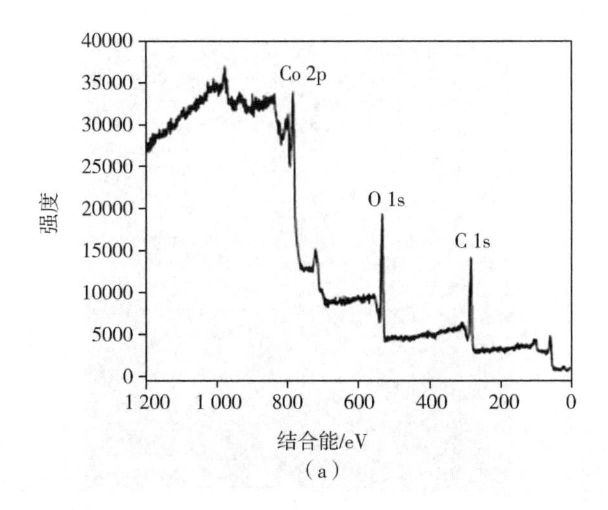

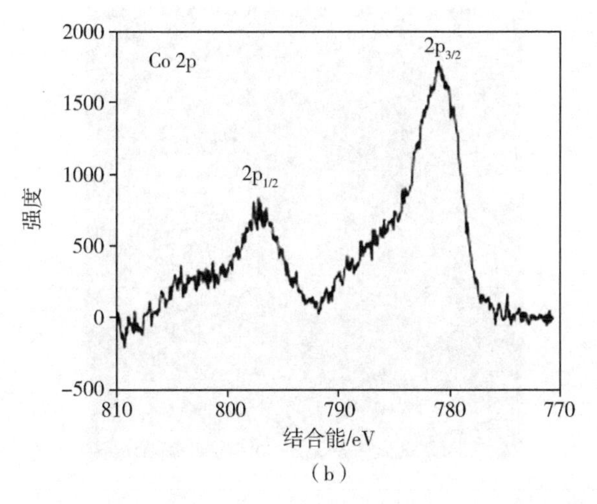

图 2－3　四氧化三钴纳米晶的(a)XPS 全谱及(b)Co 2p 的 XPS 谱图

为了了解催化材料的形貌、尺寸大小和晶格参数等信息,笔者对四氧化三钴纳米晶进行了 TEM 及 HRTEM 的表征,如图 2－4(a)和图 2－4(b)所示。从 TEM 照片中可以看到,四氧化三钴纳米晶尺寸分布均匀,大小在 2～5 nm,如图

2－4(a)所示。HRTEM 照片如图 2－4(b)所示,可以观察到晶面间距为 0.24 nm 的晶格,对应的是四氧化三钴的(311)晶面。这一结果进一步证实了通过溶剂热法制备的材料为尺寸均一、粒径为 2～5 nm 的四氧化三钴纳米晶。

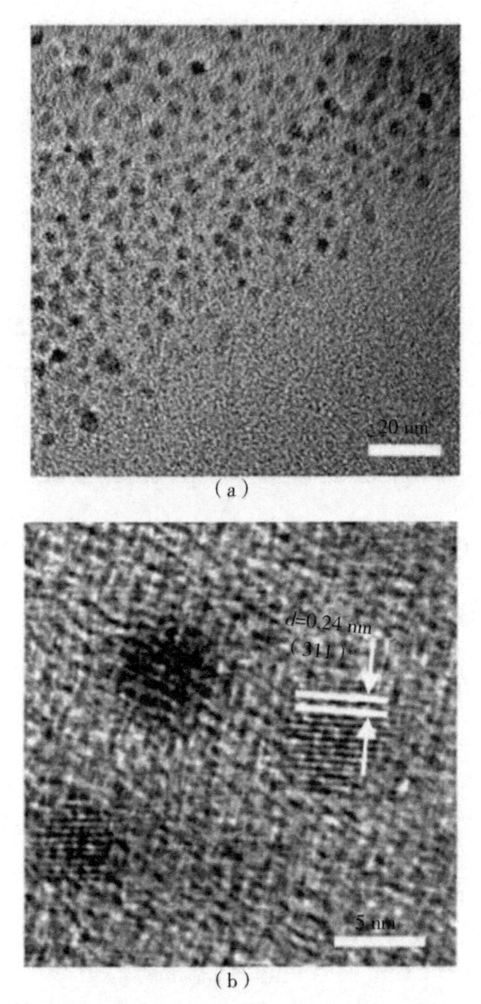

图 2－4　油酸保护的四氧化三钴纳米晶的(a)TEM 及(b)HRTEM 照片

为了了解溶剂热反应后催化剂表面基团的情况,笔者对溶剂热反应后生成的油酸保护的四氧化三钴纳米晶和溶剂热反应之前的 $Co(NH_3)_n^{2+}$－OA 进行了 FT－IR的表征,如图 2－5 所示。溶剂热反应之前,在 2 925 cm^{-1}处归属于油酸长链中的 C—H 的不对称伸缩振动，同时可以观察到在 1545 cm^{-1}处归属于 N—H 的伸缩振动，在 3291 cm^{-1}处的宽峰也归属于 N—H 的伸缩振动。波数在 1000 cm^{-1}以下都属于金属钴的伸缩振动。通过对比可以观察到，经过溶剂热处理制备的纳米晶表面的 FT－IR，归属于 N—H 的伸缩振动峰明显减弱到几乎消失，说明在反应过程中 NH_3几乎完全脱附，不存在于最终纳米晶表面，纳米晶表面主要被油酸包覆。

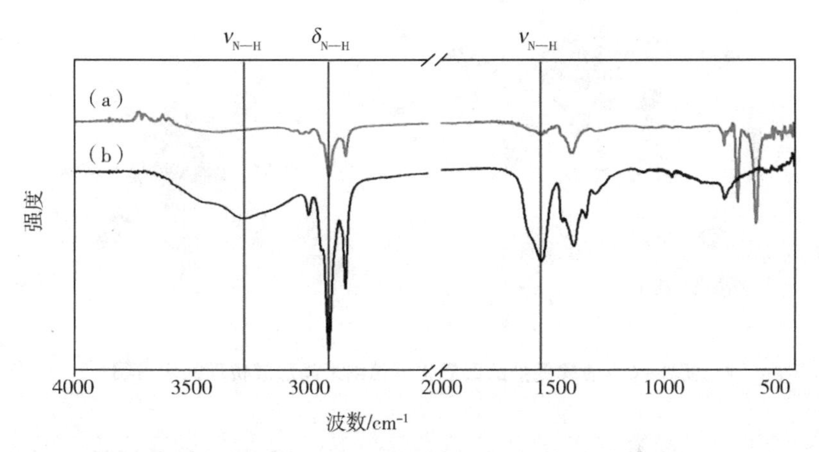

图 2－5　(a)油酸保护的四氧化三钴纳米晶和(b)$Co(NH_3)_n^{2+}$－OA 的 FT－IR 对比图

通过以上分析，根据生成物及反应物的特性，我们可以对反应流程进行初步推测，如图 2－6 所示。首先 Co^{2+} 通过与油酸和氨水的配位作用生成 $Co(NH_3)_n^{2+}$－OA 复合物，由于油酸的长链作用，这一配合物更容易溶解到甲苯相中实现相转移。在随后的溶剂热过程中，由于温度升高，体系中的 NH_3受热脱附，Co^{2+}聚集并反应生成四氧化三钴纳米晶。在纳米晶生成过程中，油酸在纳米晶外层形成保护层，控制纳米晶进一步聚集、生长。由于体系选择油酸和氨水配位作用实现相转移，有效地控制了晶体尺寸。这一合成方式主要有两大优势：第一，由于体系中氨水的配位，相比于其他长链有机胺配位作用，热分解温度明显降低；第二，体系中油酸的存在，能实现对纳米粒子的保护，起到控制纳米晶尺寸的作用，而更为重要的是，油酸在强碱性(KOH 或 NaOH)条件下会生成水溶性良好的油酸钾(钠)，从而实现表面活性剂的温和去除，在暴露更多活性位点的同时不会引起纳米晶聚集。

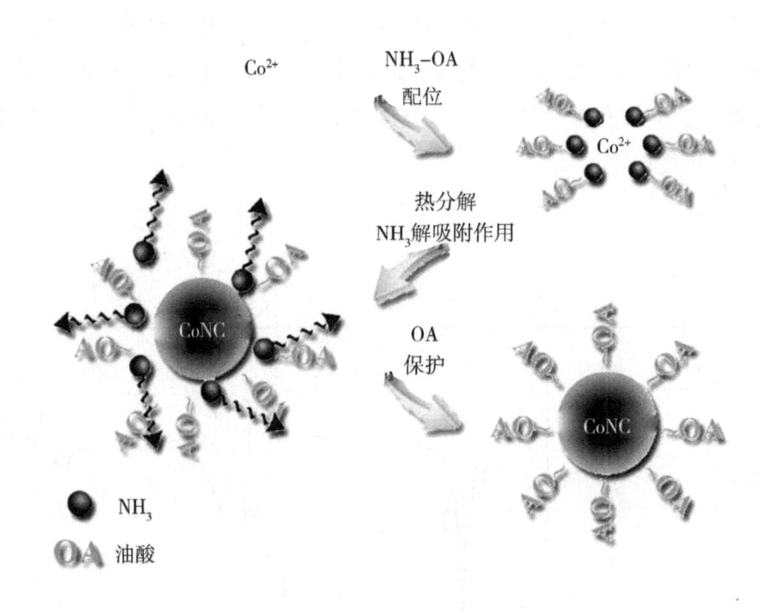

图 2-6　油酸保护的四氧化三钴纳米晶形成机理的示意图

油酸会包裹在催化剂的表面,活性位点被包覆,使得催化活性降低。为了了解油酸保护的四氧化三钴纳米晶表面有机物所占的质量比,笔者对最终样品进行了热重分析,结果如图 2-7 所示。在空气条件下,对油酸包裹的四氧化三钴纳米晶进行程序升温处理至 700 ℃,并记录其热失重及热流曲线。通过对热失重曲线的分析,发现在 200 ℃之前样品的质量开始下降,但是下降不明显(约为 10%),这段热失重应归属于催化剂表面附着的易挥发有机物。当温度进一步升高,在 200～300 ℃这一温度区间,热失重明显(约为 40%),同时由热流曲线可以观察到明显的吸热过程与之相对应,根据测试条件及物质组成综合分析,此温度区间的热失重对应的是油酸的热分解。随后至 550 ℃,热失重一直保持恒定,是由于四氧化三钴在这一温度区间是热稳定的。而 550～700 ℃轻微的热增重是由于四氧化三钴在高温下被氧气进一步氧化。热重分析同时也为我们通过热分解法除去催化剂表面油酸时选择煅烧温度提供了指导。

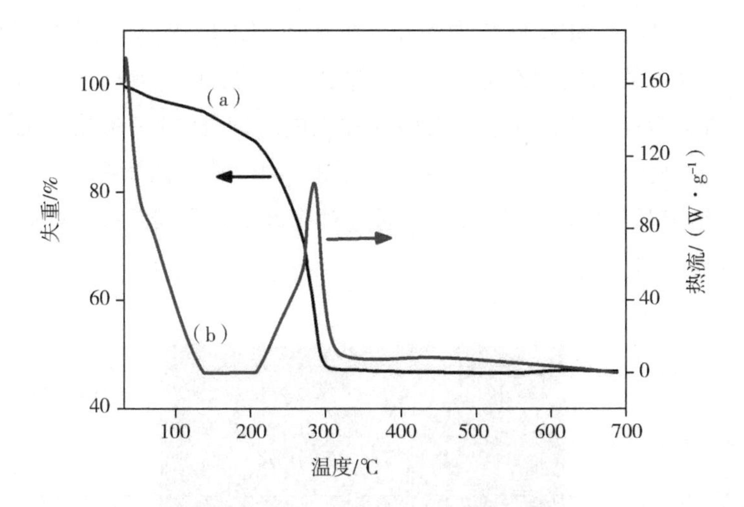

图 2－7　油酸保护的四氧化三钴纳米晶在空气条件下的(a)热失重及(b)热流曲线

为了方便制备电极,在实验过程中将油酸包覆的四氧化三钴纳米晶直接分散到甲苯中得到纳米晶溶胶,即纳米晶墨水。可以通过喷笔在碳纤维纸表面喷涂,待溶剂挥发即可得到油酸包覆的四氧化三钴纳米晶－碳纤维纸电极。这种喷涂技术简单易行,催化剂在负载过程中不含有任何黏合剂,且电极尺寸可根据集流体大小任意调节。随后,通过氢氧化钾与油酸的反应,在室温下温和地去除了催化剂表面的油酸,使得活性位点大量暴露。催化剂及电极制备流程如图 2－8 所示。

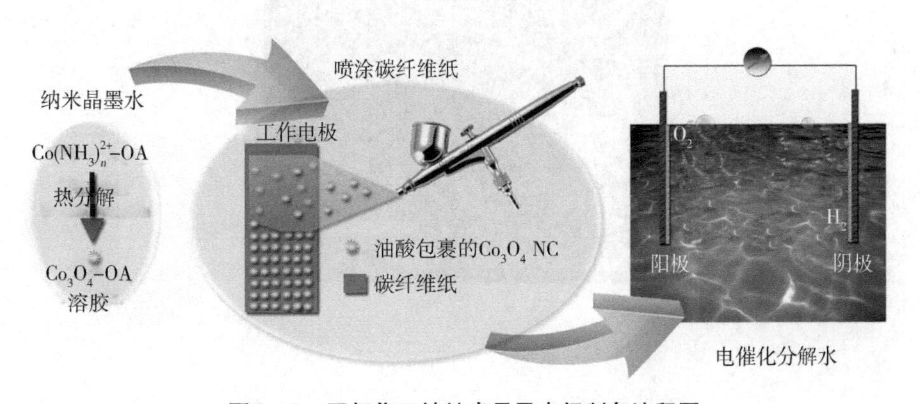

图 2－8　四氧化三钴纳米晶及电极制备流程图

在电极制备过程中，笔者选用碳纤维纸作为集流体，通过 SEM 对喷涂催化剂前后进行了对比，SEM 照片如图 2 –9 所示。图 2 –9(a)、图 2 –9(c) 和图 2 –9(e) 为碳纤维纸的 SEM 照片，可以看出碳纤维纸是由 10 μm 左右的碳纤维组成的，放大后观察到碳纤维纸表面存在纵向纹理，而进一步放大则可观察到碳纤维表面是比较光滑的。图 2 –9(b)、图 2 –9(d) 和图 2 –9(f) 为喷涂过四氧化三钴纳米晶催化剂的碳纤维纸，通过对比可以看到碳纤维表面附着一层小尺寸纳米粒子，且负载均匀。

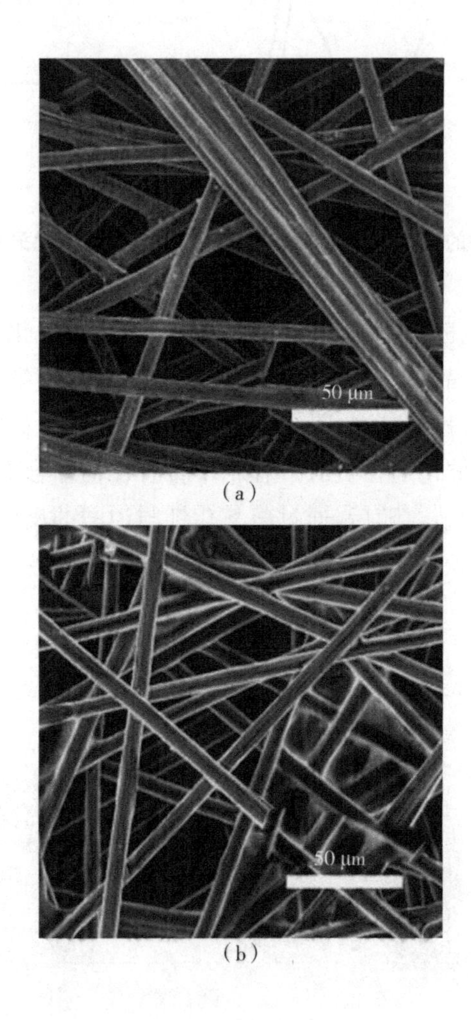

(a)

(b)

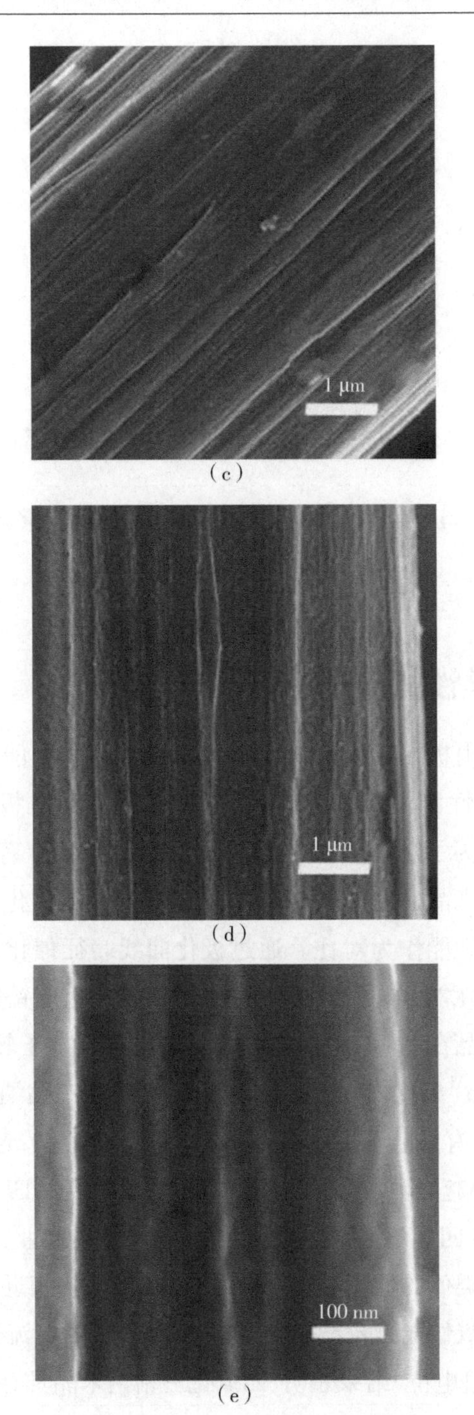

（c）

（d）

（e）

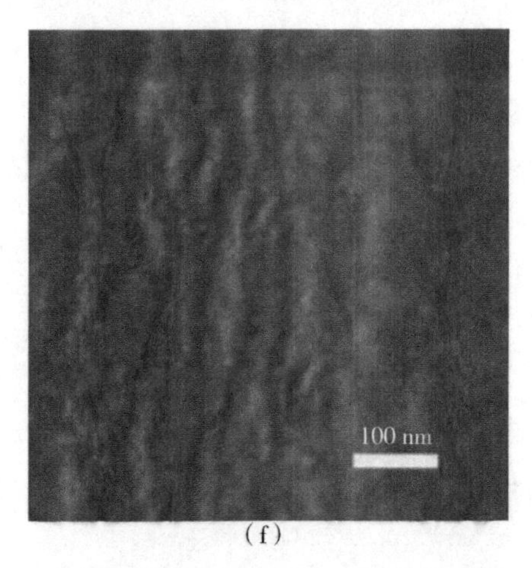

(f)

图 2-9　(a)、(c)、(e)碳纤维纸及(b)、(d)、(f)喷涂四氧化三钴纳米晶后的碳纤维纸的 SEM 照片

2.3.2　电化学性能测试

对之前制备的电极在三电极体系中分别研究了其电催化分解水制氢及电催化分解水制氧的性能，采用碳纤维纸电极作为工作电极，所用电解液均为 1 $mol \cdot L^{-1}$ KOH。为了对样品的性能有更加深刻的了解，笔者还测试了油酸包覆的四氧化三钴纳米晶、经过 300 ℃空气煅烧处理的四氧化三钴纳米晶及 20%商业铂碳催化剂的性能作为对比。通过极化曲线表征催化剂 - 碳纤维纸电极电催化分解水制氧性能，如图 2-10(a)所示。四氧化三钴纳米晶和油酸包覆的四氧化三钴纳米晶在 1.43 V 左右可以明显观察到电子转移过程，这一位置通常归属于 Co^{III}/Co^{VI}氧化峰。测试结果表明，四氧化三钴纳米晶 - 碳纤维纸电极在四个样品中具有最优异的电催化分解水制氧性能，起峰电位最低仅为 1.52 V，其他电极的起峰电位分别为 1.52 V(油酸包覆的四氧化三钴纳米晶)、1.55 V(煅烧处理的四氧化三钴纳米晶)、1.56 V(20%商业铂碳)。四氧化三钴基催化剂由于具有类似的催化活性中心，所以起峰电位相近。为了更确切地比较电催化分解水制氧性能，对比过电位为 350 mV 时的电流密度及电流密度为 10 $mA \cdot cm^{-2}$时的过电位，结果表明，四氧化三钴纳米晶具有最优异的电催化分解水制氧性能。四氧化三钴纳米晶表现出最小的塔菲尔斜率，为

101 mV · dec^{-1}，如图 2－10(b)所示。这一结果进一步证明了四氧化三钴纳米晶在相同电位下表现出更高的电流密度，说明该催化剂具有更快的动力学过程。笔者对不同催化剂在相同的体系中进行了电催化分解水制氢性能测试，如图 2－10(c)和图 2－10(d)所示。通过电催化分解水制氢的极化曲线可以看出，四氧化三钴纳米晶相比于其他两种四氧化三钴催化剂具有更优异的电催化活性，但是活性明显低于商业铂碳。

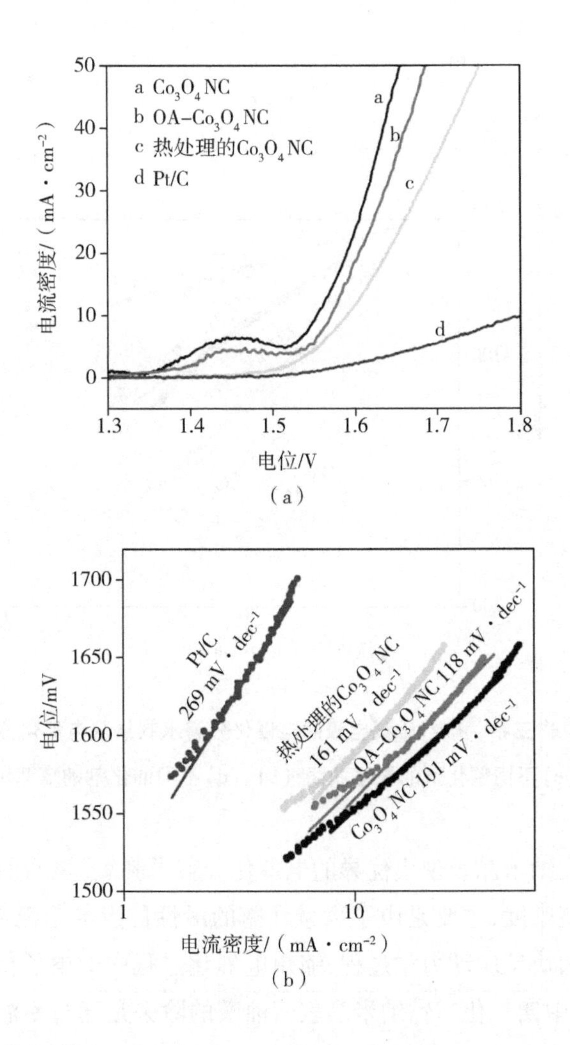

(a)

(b)

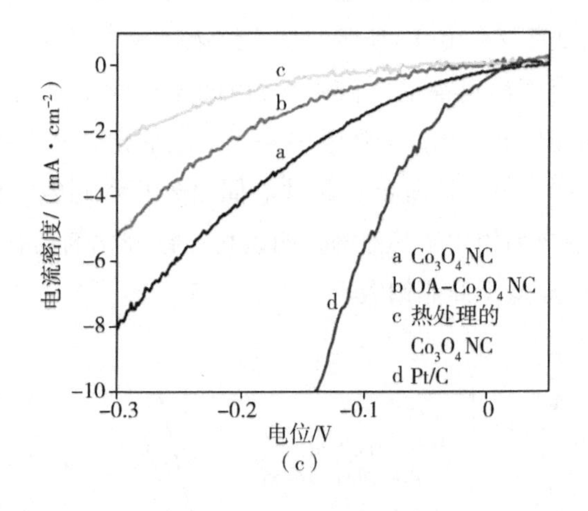

（c）

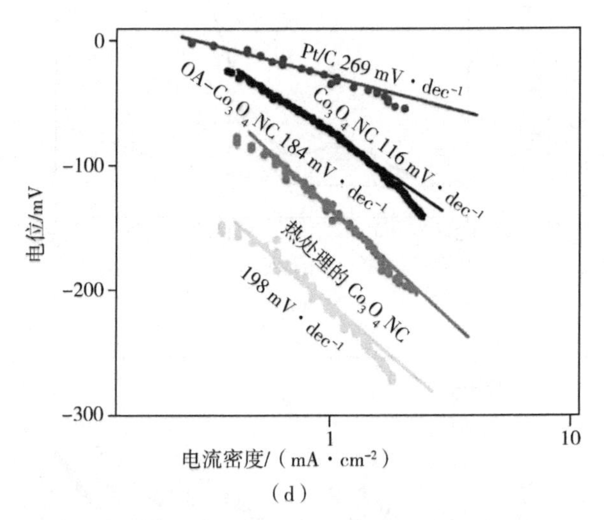

（d）

图 2-10　四氧化三钴-碳纤维纸电极的电催化分解水制氧及电催化分解水制氢性能

（a）、（c）不同催化剂的极化曲线；（b）、（d）不同催化剂的塔菲尔曲线

四氧化三钴纳米晶表现出优异的电催化分解水制氧（氢）活性、较低的过电位及较高的电流密度，主要是由于大量暴露的活性位点与集流体（碳纤维纸），这些特性可以加快反应动力学过程，缩短电催化过程中的电子传输距离。值得注意的是，本章中四氧化三钴纳米晶表面油酸的除去是通过室温下在氢氧化钾溶液中浸泡完成的。这一过程保证了催化剂小尺寸的同时，最大限度地保存了催化剂表面的活性位点，避免了催化剂的团聚，而煅烧法除去催化剂表面油酸则与之形成鲜明对比。

为了更深入地了解所制备的催化剂的电化学性能，笔者分别对四氧化三钴纳米晶及煅烧处理的四氧化三钴纳米晶进行循环伏安测试，如图2－11所示。通过循环伏安曲线可以看出，两个样品在电位为1.43 V和1.38 V可以看到明显的电子转移过程，这一位置属于Co^{III}/Co^{VI}氧化还原峰，经过比较，四氧化三钴纳米晶的氧化还原峰更加明显，而油酸包覆的四氧化三钴纳米晶由于表面油酸的阻碍，氧化还原峰对应的电子转移过程并不明显。在钴基催化剂中，Co_3O_4在催化过程中氧化成CoOOH，成为催化反应的活性中心，即Co^{VI}是催化反应的活性中心。故而一个更明显的氧化还原峰可能意味着在催化过程中，催化剂表面生成更多的活性中心Co^{VI}，大量的活性位点在催化反应中起到更好的催化效果。

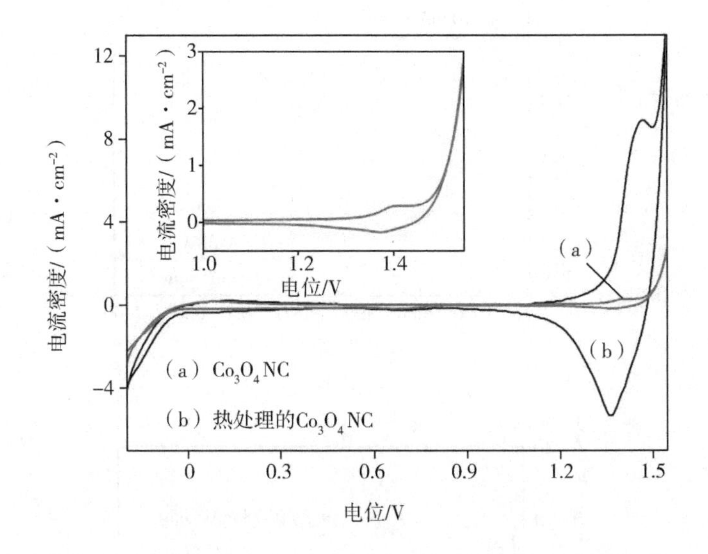

图2－11　(a)四氧化三钴纳米晶和(b)煅烧处理的四氧化三钴纳米晶－碳纤维纸 *iR* 降补偿之后在1 mol·L^{-1}KOH中的循环伏安曲线

催化剂的稳定性在能量转化及存储的实际应用中是十分重要的。如图2－12所示，笔者对性能最好的四氧化三钴纳米晶－碳纤维纸电极进行了稳定性测试。首先进行了恒电流测试，先后进行了电催化分解水制氧和电催化分解水制氢的稳定性测试,测试的电流密度分别为 10 mA · cm^{-2}和 -10 mA · cm^{-2},测试时间为 2 h,如图 2-12(a)所示。随后又进行了恒电位测试,同样先后进行了电催化分解水制氧和电催化分解水制氢的稳定性测试,测试的电位分别为 1.55 V和 -0.38 V,测试时间为 2 h,如图 2-12(b)所示。经过 4 h 的测试,可以看出四氧化三钴纳米晶-碳纤维纸电极具有很好的稳定性,电流密度为 10 mA · cm^{-2}时电位为 1.55 V,电流密度为 -10 mA · cm^{-2}时电位为 -0.38 V,而恒电位也与恒电流数据恰好对应。为了进一步了解稳定性测试前后电极的电催化活性的变化,笔者在 4 h 稳定性测试之后又分别进行了电催化分解水制氧及制氢性能测试。测试结果表明,稳定性测试前后,极化曲线几乎没有变化,说明材料稳定性测试前后催化活性几乎没有改变。

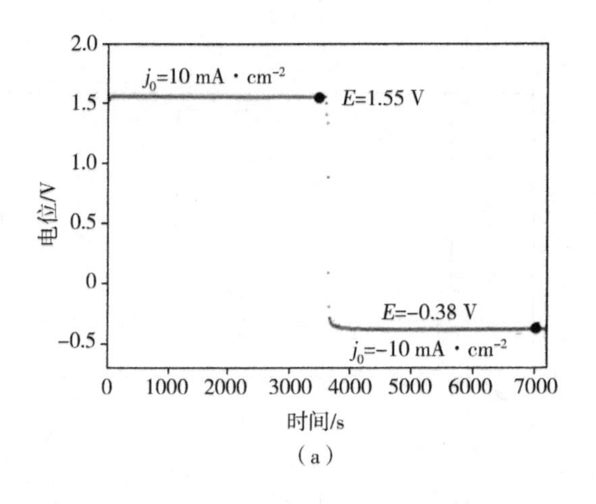

(a)

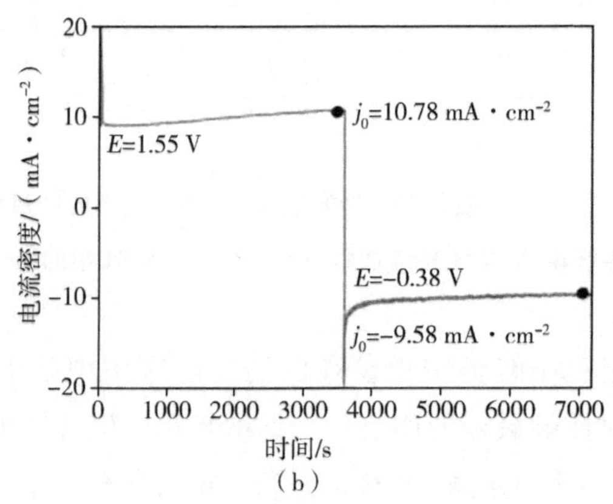

(b)

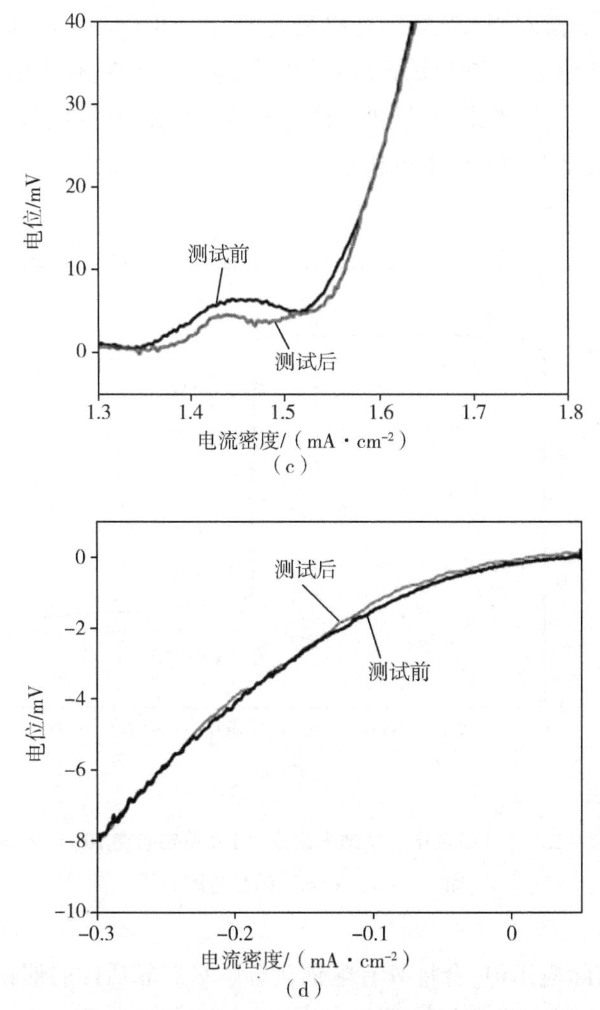

图 2－12　四氧化三钴纳米晶－碳纤维纸电极稳定性测试

(a)电流流密度为 10 m·A cm^{-2}和－10 m·A cm^{-2}的恒电流测试；

(b)电位为 1.55 V 和－0.38 V 的恒电位测试；

(c)、(d)经过 4 h 稳定性测试前后的 *iR* 降补偿的极化曲线

随后笔者又对比了四氧化三钴纳米晶与商业铂碳的电催化分解水制氧及电催化分解水制氢的恒电流曲线，如图 2－13 所示。在电流密度为 10 mA·cm^{-2}时，电极发生阳极氧化过程，产生氧气，商业铂碳所需的电位为 1.96 V，明显高于四氧化三钴纳米晶的 1.55 V，说明四氧化三钴纳米晶具有更优异的电催化分解水制氧性能。而电流密度为 $-10\ mA\cdot cm^{-2}$时,电极阴极发生还原过程,产生氢气,商业铂碳所需的电位为 -0.30 V,优于四氧化三钴纳米晶的 -0.38 V。可以看出,四氧化三钴纳米晶具有优异的电催化分解水制氧性能,而制氢性能却与商业铂碳存在差距。

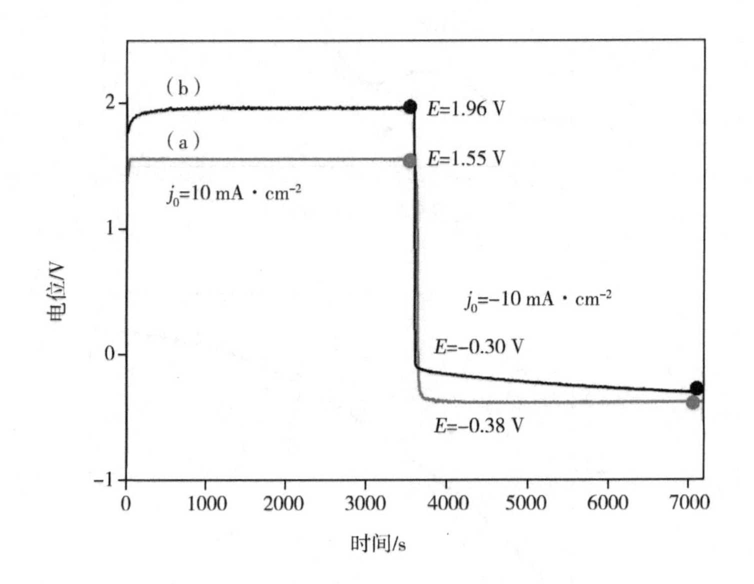

图 2-13 (a)四氧化三钴纳米晶及(b)商业铂碳在 $10\ mA\cdot cm^{-2}$ 和 $-10\ mA\cdot cm^{-2}$的恒电流曲线

通常在实际应用中,会将具有电催化分解水制氧活性的催化剂作为阳极,具有电催化分解水制氢活性的催化剂作为阴极组成电解池。而在本章中,四氧化三钴纳米晶同时具有电催化分解水制氧及电催化分解水制氢的活性,因此可以将两片相同的电极分别作为阴阳两极组装全解水电解池装置,并进行电催化全解水的性能测试,如图 2-14 所示。通过极化曲线可以看出由四氧化三钴纳米晶-碳纤维纸组装的全解水电极具有更优异的电催化分解水能力,在电流密度为 $10\ mA\cdot cm^{-2}$时开路电压仅为 1.91 V。在电催化分解水的同时,拍摄了电解池的照片(图 2-14 插图),通过照片可以看到电解池的阴阳两极表面附着大量的气泡,从侧面证明了该电极具有良好的电催化分解水能力。文献报道的钴基催化剂与本书制备的四氧化三钴纳米晶的电催化性能的比较列于表2-1中。

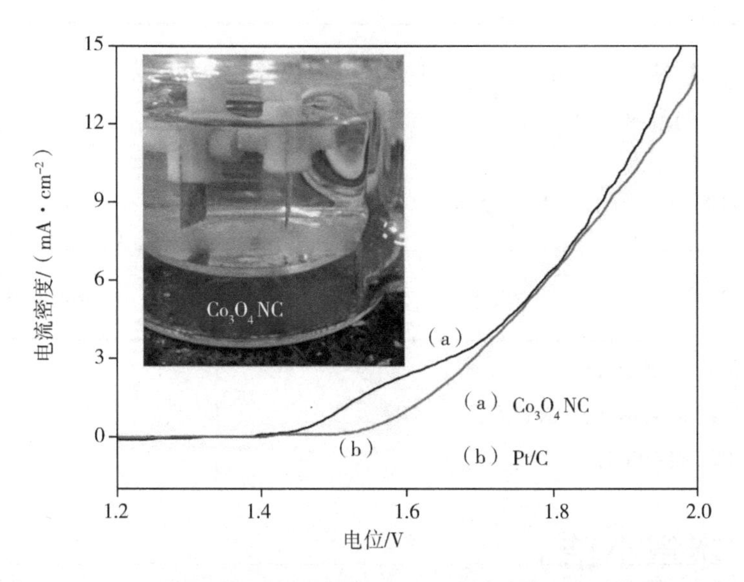

图 2-14 (a)四氧化三钴纳米晶及(b)商业铂碳电极全解水的极化曲线

表 2-1 文献报道的钴基催化剂与四氧化三钴纳米晶的电催化性能的比较

催化剂	催化剂用量/(mg·cm^{-2})	电极	过电位/mV	电流密度/(mA·cm^{-2})	OER 或 HER	电解液
Co_3O_4/N-rmGO	1.00	GCE[a]	155	10	OER	1.0 mol·L^{-1} KOH
N-CG-CoO	0.71	GCE[a]	157	10	OER	1.0 mol·L^{-1} KOH
$Zn_xCo_{3-x}O_4$	1.00	Ti 箔	155	10	OER	1.0 mol·L^{-1} KOH
CoP/CNT	0.28	GCE[a]	122	-10	HER	1.0 mol·L^{-1} H_2SO_4
CoS_2/rGO	1.15	GCF[b]	313	-20	HER	0.5 mol·L^{-1} H_2SO_4
$CoSe_2$ NP	—	CFP[c]	155	-20	HER	0.5 mol·L^{-1} H_2SO_4
Co-NRCNT	0.28	GCE[a]	260	-10	HER	0.5 mol·L^{-1} H_2SO_4
			370	-10	HER	1.0 mol·L^{-1} KOH

续表

催化剂	催化剂用量/（mg · cm^{-2}）	电极	过电位/mV	电流密度/（mA · cm^{-2}）	OER 或 HER	电解液
CoO_x@CN	0.12	泡沫 Ni	149	10	OER	1.0 mol · L^{-1} KOH
			232	−10	HER	
Co_3O_4 NC	0.35	CFP[c]	155	10	OER	1.0 mol · L^{-1} KOH
			380	−10	HER	

a：GCE，玻璃碳电极；

b：GCF，石墨烯/碳纳米管膜；

c：CFP，碳纤维纸。

2.4 本章小结

本章采用了一种简单、便利的可制备大尺寸电极的方法，所制备的电极可以用在电催化分解水中。首先，通过低温溶剂热剂热分解金属有机配合物获得了油酸包覆的均匀的小尺寸四氧化三钴纳米晶，所得到的纳米晶可以均匀分散在甲苯溶液中，形成溶胶。随后将这种含有大量催化活性物质的纳米晶溶胶当作纳米晶墨水，通过喷涂的方式负载到碳纤维纸集流体上，晾干后得到了碳纤维纸电极。再用氢氧化钾浸渍法温和地去除表面的油酸。最终得到小尺寸裸露的四氧化三钴纳米晶均匀负载的碳纤维纸电极。该电极具有电催化分解水制氧和电催化分解水制氢的双功能。组装了全解水电解池，经测试具有较高的催化活性和稳定性。四氧化三钴纳米晶 − 碳纤维纸电极的高活性主要取决于以下三方面原因：(1)小尺寸催化剂缩短了电子传输距离；(2)裸露的四氧化三钴纳米晶暴露大量活性位点；(3)四氧化三钴纳米晶与碳纤维纸集流体之间不存在黏合剂，因此具有更紧密的接触。

第三章　四氧化三钴纳米片电催化分解水制氧性能研究

3.1 引言

电催化分解水制氧的电子转移过程较为复杂，为了提高催化活性，可以增大催化剂的比表面积、降低结晶度等，从而得到更多的表面活性位点。二维纳米材料由于具有大比表面积、良好的电子传输能力等特性，被广泛应用于催化领域。

目前对于电催化分解水制氧来说，廉价、稳定的催化剂是提高电催化活性的关键。钴基金属由于具有丰富的 d 轨道电子被研究人员所重视，尤其是四氧化三钴在电催分解化水制氧方面表现出优异的催化性能，是研究较为广泛的高效过渡金属催化剂之一。在电催化分解水制氧过程中，四氧化三钴表面发生 Co^{III}/Co^{IV} 的氧化还原，进而提高热力学可行性并降低过电位。值得注意的是，Co^{III}/Co^{IV} 同时也是过氧化氢催化氧化的催化活性位。结合同步技术发现，在电催化分解水制氧过程中，金属催化剂表面会生成过氧物种。这是否说明在部分反应中过氧化氢机理(两电子过程)也起到主导作用？因此更深入地了解电催化分解水的机理是富有意义的工作。

经过以上分析，本章通过界面导向法并控制氧化程度得到一种微米尺度的二维四氧化三钴纳米薄片，其具有大比表面积和低结晶度。电化学测试表明，该纳米薄片具有较大的电化学活性比表面积，同时也具有很高的电催化分解水制氧活性。最后根据动力学参数并利用强制对流技术对其反应机理进行了分析。

3.2 实验部分

3.2.1 四氧化三钴纳米薄片的制备

3.2.1.1 利用相转移法制备 Co^{2+} -OAm 复合物的甲苯溶液

将0.2 mmol $Co(NO_3)_2 \cdot 6H_2O$ 溶于20 mL去离子水中，与20 mL 3.5 mmol·L^{-1}油胺(OAm)的乙醇溶液进行混合，搅拌后溶液从粉色透明状变成深绿色混浊液，此时形成 Co^{2+} -OAm。然后，取20 mL甲苯加入上述体系中，搅拌5 min后转移到分液漏斗中，静置1 h左右，使甲苯相和水、乙醇相分离。最后，通过分液的方法分离 Co^{2+} -OAm 的甲苯溶液，备用。

3.2.1.2 四氧化三钴纳米薄片、纳米粒子及煅烧后纳米薄片的制备

量取20 mL Co^{2+} -OAm 的甲苯溶液转移到三颈瓶中，加热到50 ℃，搅拌的同时持续通入氧气，保持0.5 h使得整个体系稳定并且氧饱和。然后将0.01 mol·L^{-1} $NaBH_4$冰水溶液逐滴加入上述体系中，边加热搅拌边持续通入氧气，反应2 h。一般为了得到四氧化三钴纳米薄片(Co_3O_4 NS)，需要控制$NaBH_4$与 Co^{2+} -OAm 物质的量比为5∶1。最终得到可分散于水中的棕色沉淀物，通过抽滤将样品分离出来后用乙醇和水反复洗涤，即可得到四氧化三钴纳米薄片。四氧化三钴纳米粒子的合成方法与四氧化三钴纳米薄片的合成方法类似，不同之处是反应温度(0 ℃)和反应时间(5 h)。对上述制备的四氧化三钴纳米薄片在空气中300 ℃煅烧2 h后可得到煅烧后的四氧化三钴纳米薄片。

3.2.2 电化学测试

电化学测试通过电化学工作站及配对的旋转圆盘电极(RDE)并采用典型的三电极体系完成，其中甘汞电极(填充饱和氯化钾溶液)作为参比电极，铂丝作为对电极，催化剂涂覆的旋转圆盘玻碳电极作为工作电极(电极直径为

3 mm),电解液为 1 mol·L^{-1} KOH。将 5 mg 催化剂加入到 1 mL 乙醇及 50 μL 5%的萘酚混合溶液中,超声 0.5 h,配成浆料。取 5 μL 上述浆料均匀涂覆在电极表面,晾干后即为工作电极。

在每次测试前,工作电极都要在测试体系中相应的电位区间进行 20~100 圈循环伏安的扫描(扫速为 100 mV·s^{-1}),直到获得一个稳定的循环伏安曲线。极化曲线测试的扫速为 5 mV·s^{-1},恒电流测试要保持稳定的 10 mA·cm^{-2}的电流密度。为了详细地了解电化学过程的动力学过程并探索反应机理,本章还用到了强制对流技术,使用了旋转环盘电极(RRDE)。极化曲线的测试是在氮气饱和条件下的 0.1 mol·L^{-1} KOH 电解液中完成的。铂环电位分别设置为 1.2 V 和 0.6 V,分别对应 HO_2^- 和 O_2的检测电位。为了证明催化剂对过氧化氢的氧化能力,笔者还进行了过氧化氢检测实验,这里使用的过氧化氢是双氧水溶液的稀释液,测试用电解槽定量加入 50 mL 电解液。在整个电催化分解水制氧过程中,所有测试工作电极(RDE、RRDE)转速均保持在 1600 r·min^{-1},以去除催化剂表面气泡。测试温度为室温(约为 25 ℃)。

3.3　结果分析与讨论

3.3.1　物性表征

本章通过油胺和钴离子配位形成深绿色油胺合钴(Co^{2+} -OAm),并利用包裹在钴离子外面的有机碳长链转移到甲苯中,形成透明的蓝绿色油胺合钴的甲苯溶液。随后,向体系中加入 $NaBH_4$冰水溶液即得到四氧化三钴纳米薄片,整个制备过程的光学照片如图 3-1 所示。这种体系能形成薄片状的四氧化三钴主要是因为钴离子在油胺的保护作用下分散于甲苯相中,而 $NaBH_4$作为还原剂分散于水相中,使反应只能在两相界面发生,两相界面在四氧化三钴形成过程中起到了结构导向的作用。$NaBH_4$在两相界面与钴离子反应形成四氧化三钴小粒子,而这些小粒子在界面导向作用下原位排列挤压,形成纳米薄片,这是形成片状形貌的关键。降低反应温度和延长反应时间就会得到纳米粒子,这是由于低温下,$NaBH_4$的反应速率很慢,界面生成的纳米粒子较少,没办法在短时间内完成排列挤压,因此形成了分散的四氧化三钴纳米粒子。

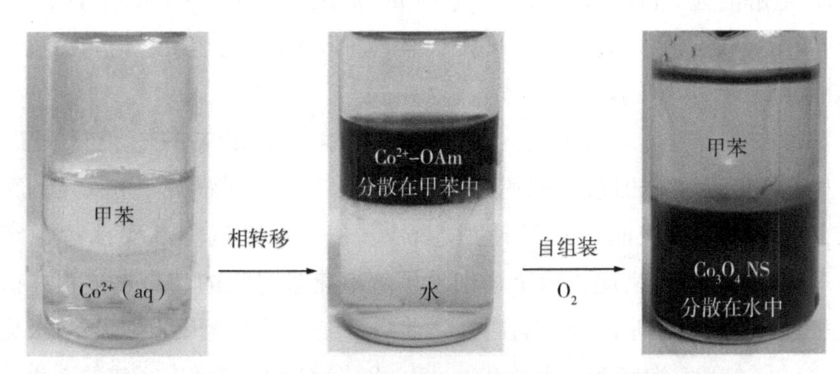

图 3－1　四氧化三钴纳米薄片形成过程中重要步骤的光学照片

本章通过相转移法制备了二维纳米薄片。为了了解样品的形貌,笔者对样品进行了 SEM 及 TEM 表征,如图 3－2 所示。通过 SEM 照片可以看到相转移法制备的催化材料均呈现二维纳米薄片状,并存在一定褶皱,互相堆叠。TEM 照片如图 3－2(b)所示,可以看出纳米薄片是自支持的结构,并且能明显观察到褶皱的存在。图 3－2(c)是图 3－2(b)的局部放大,通过局部放大照片可以看出纳米薄片由多个大小约为 5 nm 的纳米粒子堆叠挤压而成,并且存在许多小孔,这些小孔应为纳米粒子的堆积孔。图 3－2(c)插图为相应区域的选区电子衍射照片,选区电子衍射呈现多圈光环,说明该区域为多晶。随后对图 3－2(c)进一步放大得到 HRTEM 照片,如图 3－2(d)所示,可以看到晶面间距为 0.286 nm 的晶格,经过分析比对将其归属为 Co_3O_4 的(200)晶面。SEM 及 TEM 的表征说明通过界面导向的方法成功制备了由纳米粒子堆积而成的具有二维片状结构并伴有明显褶皱的纳米材料,透过 HRTEM 观察到的晶面间距可以初步分析样品为四氧化三钴。

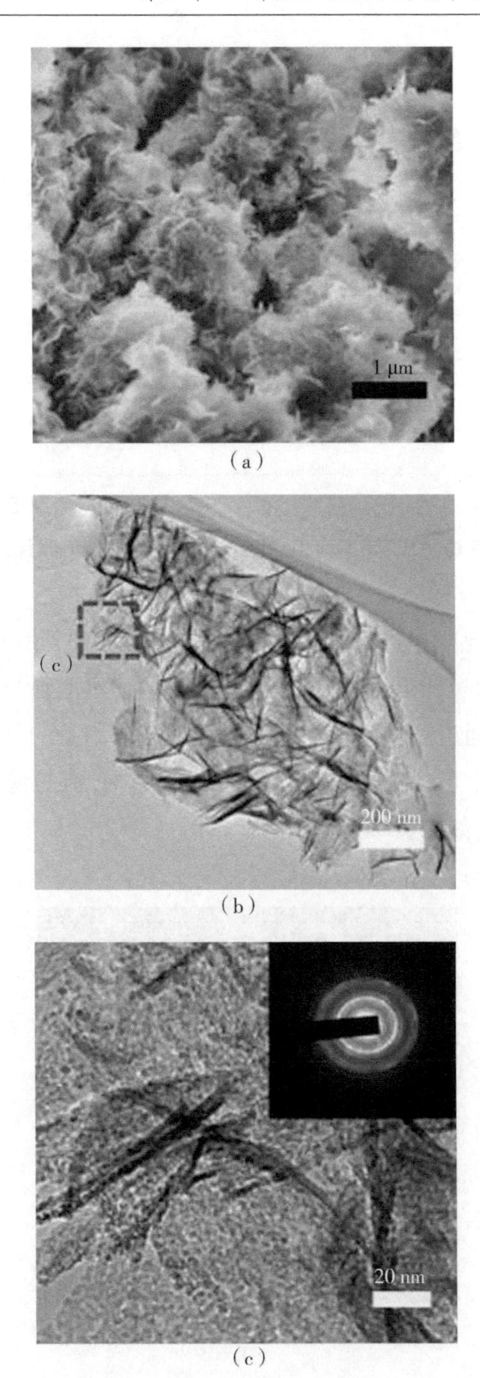
1 μm
(a)
(c)
200 nm
(b)
20 nm
(c)

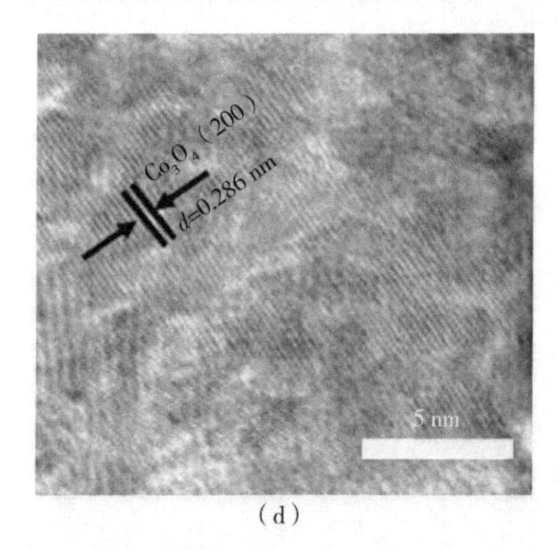

（d）

图 3-2　Co_3O_4 纳米薄片的(a)SEM照片；(b)TEM照片；
(c)为(b)中方框区域放大，插图为相应区域的选区电子衍射照片；(d)HRTEM照片

笔者对两个对比样也进行了SEM的表征，如图3-3所示。相比之前制备的纳米薄片体系，通过降低反应温度并延长反应时间得到小尺寸纳米粒子，如图3-3(a)所示。通过空气中煅烧的方法处理之前制备的纳米薄片，以期提高其结晶度，在SEM中可以看出其依然保持片状结构，但是薄片明显增厚，有一定程度的团聚现象，如图3-3(b)所示。

（a）

(b)

图 3-3　(a)四氧化三钴纳米粒子及(b)经过煅烧处理的四氧化三钴纳米薄片的 SEM 照片

为了了解所制备催化材料的晶相组成,笔者将上述四氧化三钴纳米薄片、四氧化三钴纳米粒子及煅烧处理后的四氧化三钴纳米薄片分别进行了 Raman 及 XRD 的表征,如图 3-4 所示。这三种材料的 Raman 光谱均表现出相同的伸缩振动峰,从图中可以观察到五个伸缩振动峰,所对应的位置分别为 194 cm^{-1}、482 cm^{-1}、521 cm^{-1}、619 cm^{-1}和 692 cm^{-1},其恰好是四氧化三钴的 F_{2g}、E_g、F_{2g}、F_{2g}、A_{1g}振动模式的伸缩振动峰,所对应的也是四氧化三钴的 Raman 的伸缩振动。由 XRD 谱图可以看出四氧化三钴纳米薄片、四氧化三钴纳米粒子基本没有明显的衍射峰,而煅烧处理后的四氧化三钴纳米薄片结晶衍射峰也很弱,三个衍射峰分别为 $2\theta=37.8°$、$56.8°$和 $59.8°$,分别对应的是四氧化三钴(311)、(400) 和(511)晶面,说明四氧化三钴纳米薄片经过煅烧处理后成为结晶很弱的四氧化三钴。综合以上分析,我们可以初步得出结论:四氧化三钴纳米片、四氧化三钴纳米粒子及煅烧处理后的四氧化三钴纳米薄片三种材料均为四氧化三钴,通过煅烧可以在一定程度上提高结晶度,但是结晶度依然很差。四氧化三钴纳米薄片结晶度较差可能为催化剂带来更多的活性位点,同时一定的结晶度可以提高电化学稳定性。

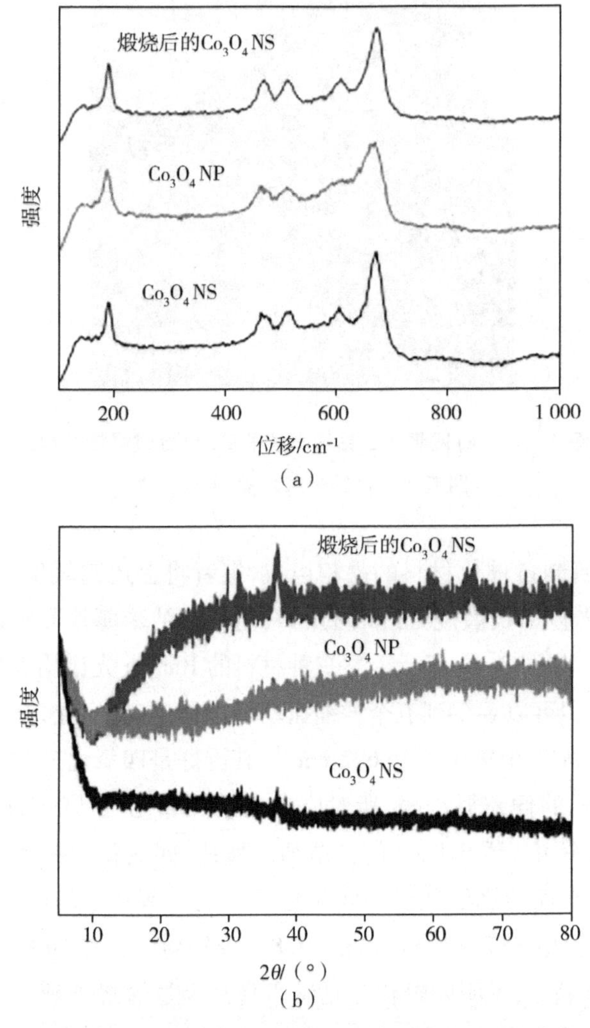

图3-4 四氧化三钴纳米薄片、四氧化三钴纳米粒子及煅烧处理后的四氧化三钴纳米薄片的(a)Raman光谱及(b)XRD谱图

为了更深入地了解所制备的四氧化三钴纳米薄片的物相组成,笔者通过XPS对催化剂表面元素及价态信息进行分析。通过XPS全谱可以看到四氧化三钴主要存在Co、O及C三种元素。其中元素Co和O来自四氧化三钴纳米薄片,而元素C可能来自催化剂表面的活性剂或环境中。同时进一步观察Co 2p的高分辨谱图,可以看到两个主峰,位置分别在795.3 eV和780.0 eV,分别对应的是 Co 的 $2p_{1/2}$ 和 $2p_{3/2}$ 自旋轨道分裂，同时伴随着两个肩峰，如图 3－5所示。进一步观察 O 1s 的高分辨谱图，可以明显看出三个峰 529.5 eV、531.3 eV和 532.1 eV 分别归属于表面羟基氧、晶格氧及碳氧。综合以上分析，该样品可确定为四氧化三钴。

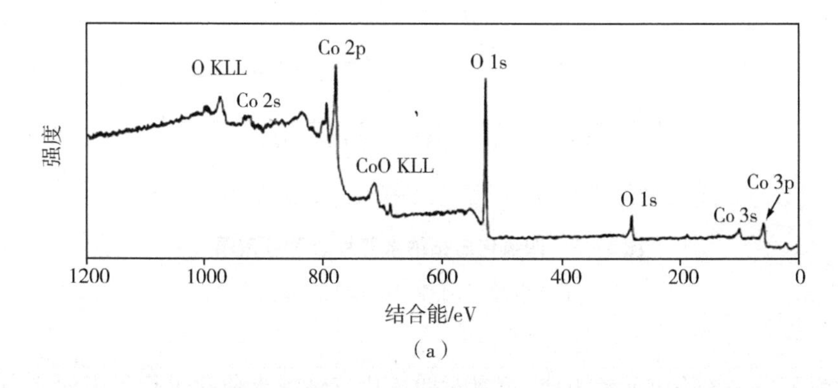

(a)

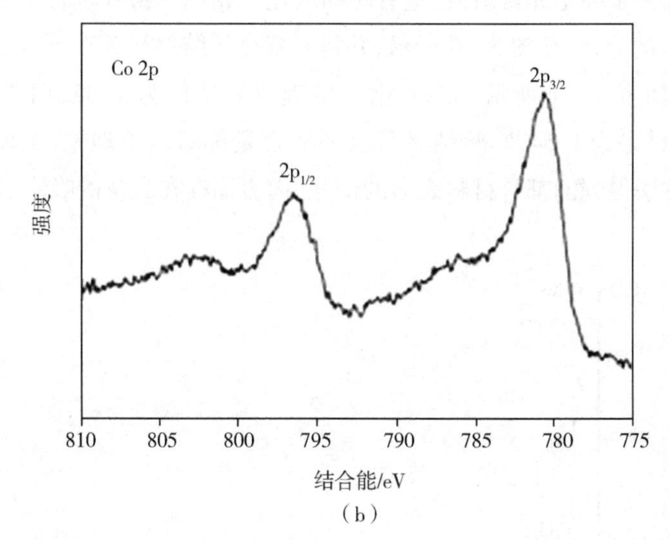

(b)

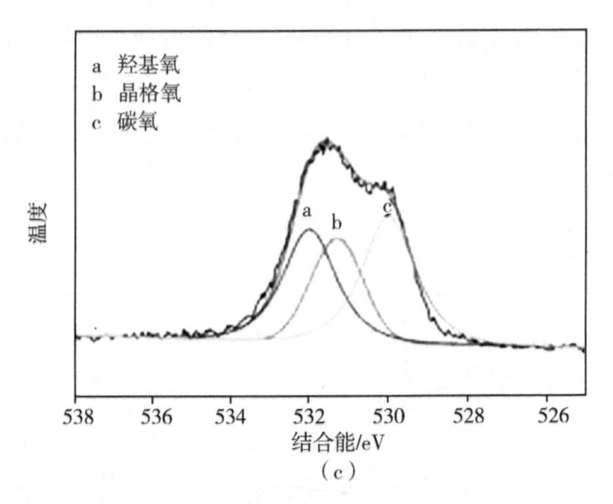

图3-5 四氧化三钴纳米薄片的 XPS 谱图

(a)全谱;(b)Co 2p;(c)O 1s

为了进一步确定元素组成,笔者对四氧化三钴纳米薄片进行了表面光电子能谱(EDX)的分析,如图3-6所示,并将元素分析结果与XPS元素分析结果进行了总结,如表3-1所示。四氧化三钴理论氧钴比为1.33,而XPS结果为1.48,EDX结果为1.54,实验结果所示的氧含量都略高于理论,主要是由于这两种测试方法得到的都是材料表面的信号,而表面存在大量的吸附氧。

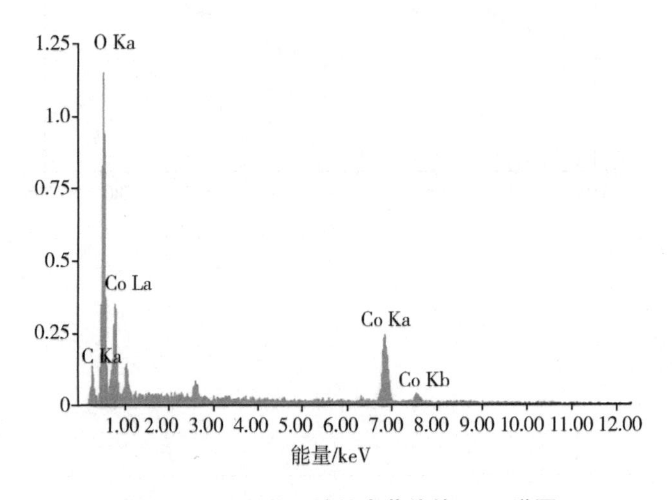

图3-6 四氧化三钴纳米薄片的 EDX 谱图

表 3－1　四氧化三钴纳米薄片通过 EDX 及 XPS 得到的元素分析数据

测试	元素含量/%			
	Co	O	N	C
XPS	32.22	47.69	0.23	19.86
EDX	35.83	55.23	0	8.94

对于催化材料来说，多孔、大比表面积对于催化反应是极为有利的。通过 TEM 照片可以看到四氧化三钴纳米薄片本身存在一定孔结构，并且具有较薄的二维结构。随后笔者对四氧化三钴纳米薄片、四氧化三钴纳米粒子及煅烧处理后的四氧化三钴纳米薄片进行了氮气吸附－脱附测试，测试曲线如图 3－7(a) 所示，图 3－7(b) 为三个样品的孔径分布曲线。测试结果表明，四氧化三钴纳米薄片、四氧化三钴纳米粒子及煅烧处理后的四氧化三钴纳米薄片的 BET 比表面积分别为 191.2 $m^2 \cdot g^{-1}$、183.5 $m^2 \cdot g^{-1}$ 和 36.7 $m^2 \cdot g^{-1}$。可以看出四氧化三钴纳米薄片具有较大的比表面积，是三个材料中比表面积最大的，同时较合适的孔径也有利于生成的氧气扩散，进而提高催化活性。三个材料的比表面积及孔径分布的具体数据列于表 3－2 中。

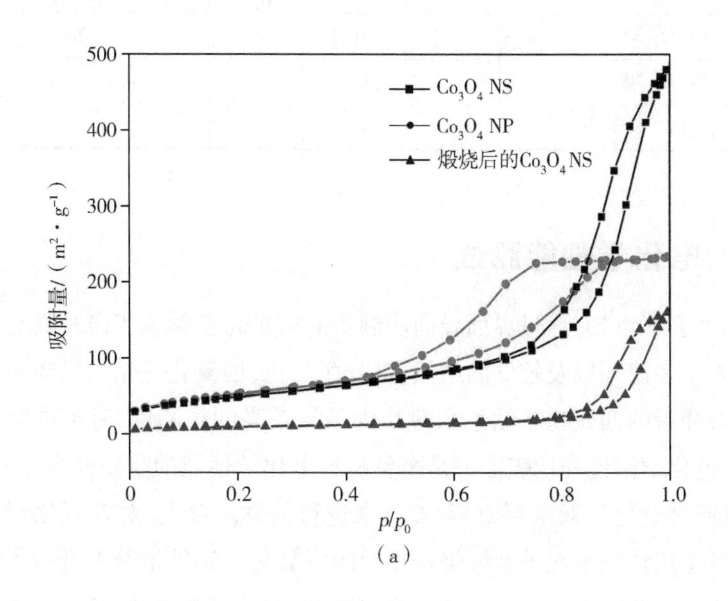

(a)

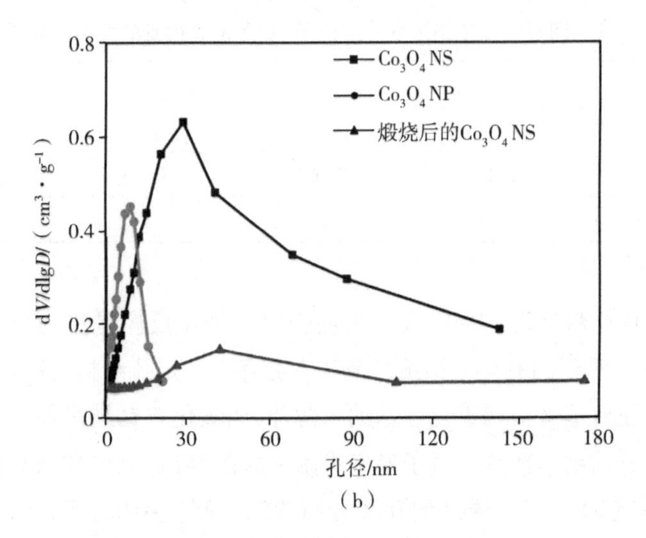

图 3-7　四氧化三钴纳米薄片、四氧化三钴纳米粒子及煅烧处理后的四氧化三钴纳米薄片的(a)氮气吸附-脱附曲线和(b)孔径分布

表 3-2　四氧化三钴纳米薄片、四氧化三钴纳米粒子及煅烧处理后的四氧化三钴纳米薄片的 BET 比表面积及孔径尺寸表

样品	BET 比表面积/($m^2 \cdot g^{-1}$)	孔径/nm
Co_3O_4 NS	191.2	28.2
Co_3O_4 NP	183.5	8.5
煅烧后的 Co_3O_4 NS	36.7	41.7

3.3.2　电化学性能测试

由物性表征可知，通过界面导向法制备的四氧化三钴纳米薄片具有一定的孔结构、大比表面积以及较低的结晶度；与之对比，四氧化三钴纳米粒子比表面积小，而煅烧后的四氧化三钴纳米薄片则具有较高的结晶度，有可能降低电化学活性。电化学活性和比表面积是衡量材料电化学性能的重要标准之一，这一数据可以通过电化学双电层电容(C_{dl})来进行估算。首先，对四氧化三钴纳米薄片、四氧化三钴纳米粒子及煅烧处理后的四氧化三钴纳米薄片进行了不同扫速(扫速为 10～80 $mV \cdot s^{-1}$)的循环伏安测试(电位范围为 1.15～1.25 V)，如

图 3－9(a)～(c)所示。随后分别统计了 1.2 V 电位下不同扫速时阳极电流密度和阴极电流密度的差值，将扫速与电流密度差值作图并进行线性拟合，如图 3－9(d)所示。拟合方程的斜率即为双电层电容值，依次为四氧化三钴纳米薄片(49 mF · cm⁻²) ＞ 四氧化三钴纳米粒子(22 mF · cm⁻²) ＞煅烧处理后的四氧化三钴纳米薄片(7 mF · cm⁻²)。显然，相比于四氧化三钴纳米粒子及煅烧处理后的四氧化三钴纳米薄片，通过界面导向法制备的具有一定孔结构、低晶化度的四氧化三钴纳米薄片具有更大的电化学表面积(更多电化学活性位点)，因此其可能具有较高的电催化分解水制氧活性。

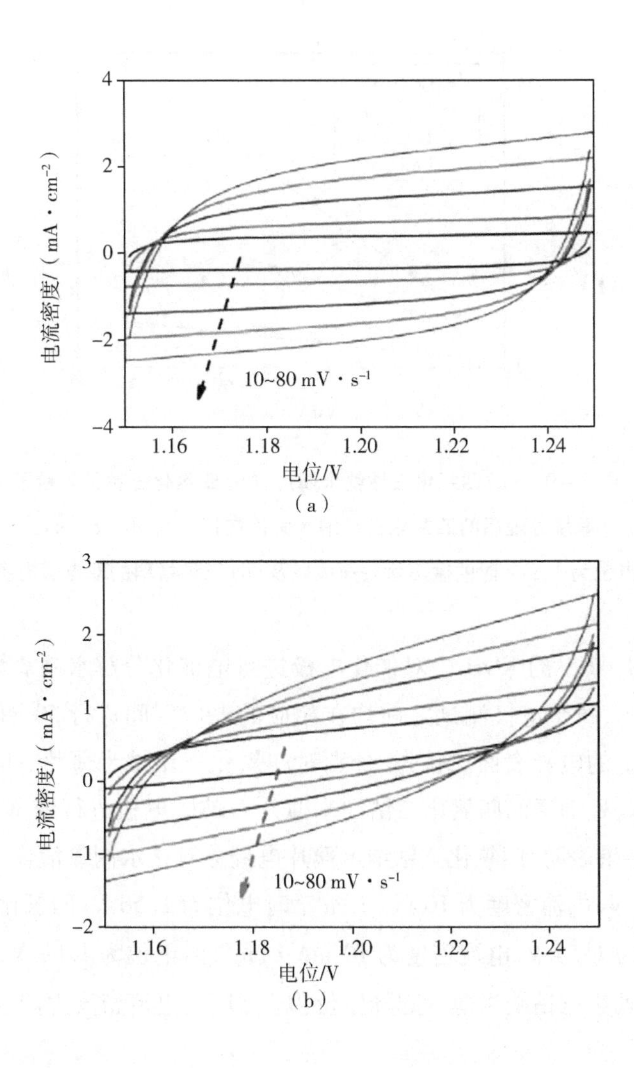

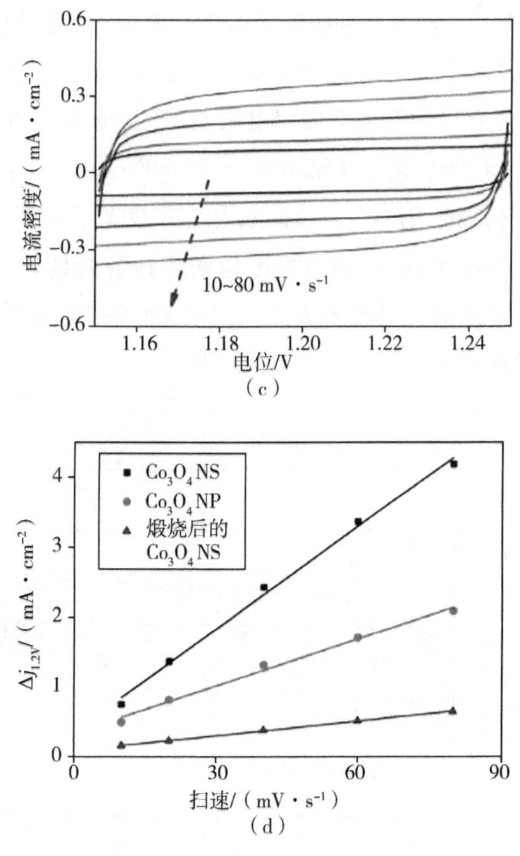

图 3－9 （a）四氧化三钴纳米薄片、（b）四氧化三钴纳米粒子及（c）煅烧处理后的四氧化三钴纳米薄片在扫速为 10～80 mV · s^{-1}，电位为 1.2 V 时的循环伏安曲线以及（d）三种材料的双电层电容

在 1 mol · L^{-1}的 KOH 中对催化电极进行电催化分解水制氧性能测试，如图 3－10 所示，每个电极测试之前均在相应的电位区间进行 50 圈循环伏安扫描以得到稳定的电极表面。首先，分别对四氧化三钴纳米薄片、四氧化三钴纳米粒子及煅烧处理后的四氧化三钴纳米薄片－玻碳电极进行测试，如图 3－10（a）所示。结果表明，四氧化三钴纳米薄片电催分解化水制氧活性最高，起峰电位仅为 1.51 V，电流密度为 10 mA · cm^{-2}时电位为 1.56 V；四氧化三钴纳米粒子起峰电位为 1.54 V，电流密度为 10 mA · cm^{-2}时电位为 1.61 V；经过煅烧处理之后的四氧化三钴纳米薄片起峰电位为 1.51 V，电流密度为10 mA · cm^{-2}时电位为 1.59 V。塔菲尔曲线如图 3－10(b)所示，四氧化三钴纳米薄片的塔菲尔斜率为 69 mV·dec^{-1}，而四氧化三钴纳米粒子以及煅烧处理后的四氧化三钴纳米的薄片塔菲尔斜率分别为 96 mV·dec^{-1}和 85 mV·dec^{-1}。随后笔者对四氧化三钴纳米薄片进行恒电流测试(j_0＝10 mA·cm^{-2})，如图 3－10(c)所示，在 40000 s 的测试中，电位略微下降。对比恒电流测试前后的极化曲线，二者几乎重合，如图 3－10(d)所示。说明四氧化三钴纳米薄片具有很好的电催化分解水制氧活性，同时具有良好的稳定性。

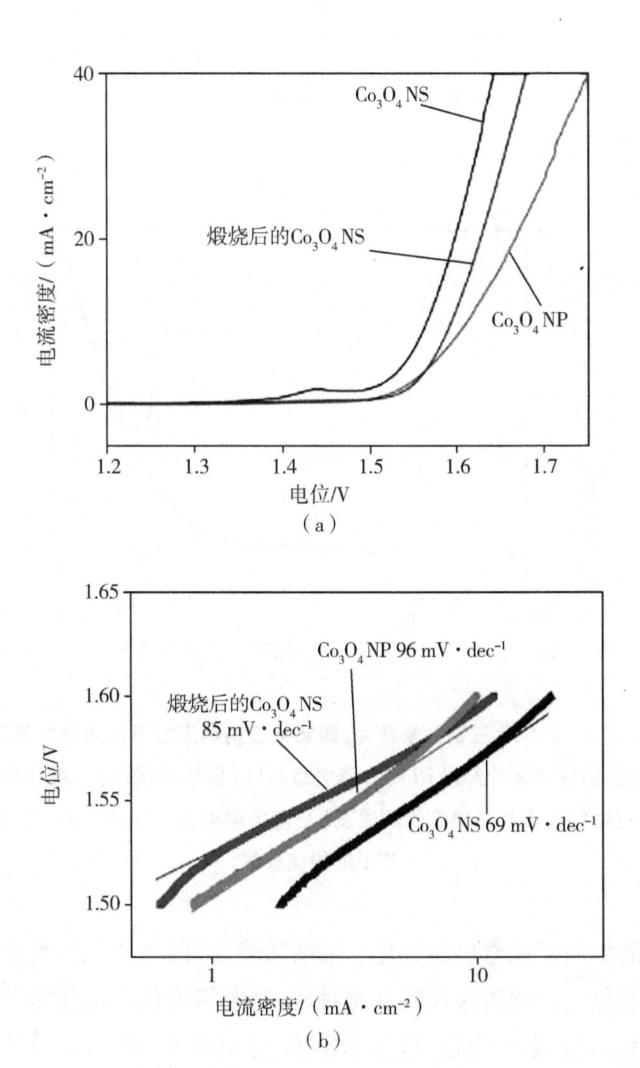

(a)

(b)

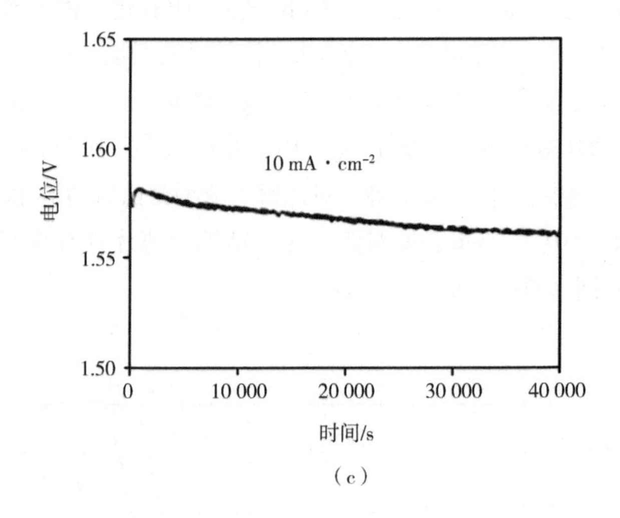

(c)

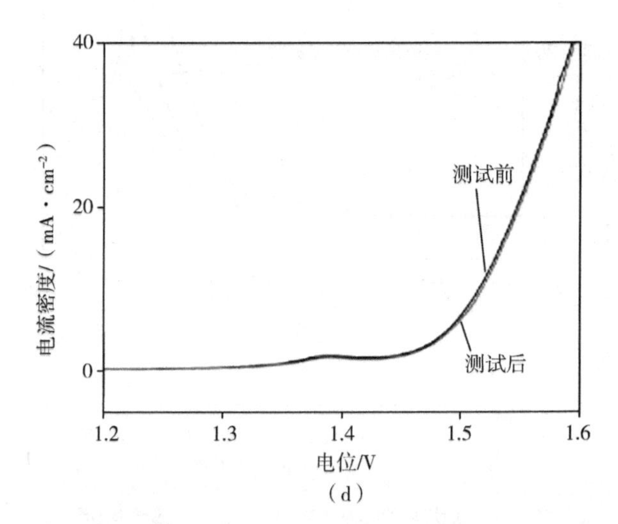

(d)

图 3-10　四氧化三钴纳米薄片、四氧化三钴纳米粒子及煅烧处理后的四氧化三钴纳米薄片经过 iR 降补偿之后的(a)极化曲线及(b)塔菲尔曲线；(c)四氧化三钴纳米薄片的稳定性测试及(d)电流密度为 10 mA · cm^{-2}的恒电流测试前后的极化曲线

为了更简单明了地看出四氧化三钴纳米薄片、四氧化三钴纳米粒子及煅烧处理后的四氧化三钴纳米薄片的性能对比，笔者将能代表电化学分解水制氧性能的四个参数(包括起峰电位、塔菲尔斜率、过电位在 300 mV 时的电流密度和电流密度为 10 $mA \cdot cm^{-2}$时的电位)进行了总结,如表 3 - 3 所示。从表中可以看出,无论以哪个数据分析,四氧化三钴纳米薄片都具有最好的电催化分解水制氧活性。

表 3 - 3　四氧化三钴纳米薄片、四氧化三钴纳米粒子及煅烧处理后的四氧化三钴纳米薄片关于电催化分解水制氧活性的参数统计表

样品	起峰电位/V	塔菲尔斜率/($mV \cdot dec^{-1}$)	过电位在 300 mV 时的电流密度/($mA \cdot cm^{-2}$)	电流密度为 10 $mA \cdot cm^{-2}$ 时的电位/V
Co_3O_4 NS	1.51	69	3.6	1.56
Co_3O_4 NP	1.54	96	1.7	1.61
煅烧后的 Co_3O_4 NS	1.51	85	1.2	1.59

3.3.3　电催化机理研究

经过以上电化学测试发现,四氧化三钴纳米薄片催化剂表现出优异的催化活性,但是其塔菲尔斜率为 69 $mV \cdot dec^{-1}$,而理想的四电子过程的塔菲尔斜率约为 30 $mV \cdot dec^{-1}$,与之相差甚远。电化学分解水制氧是一个由很多因素影响的复杂的电化学过程,包括活性物质在催化剂表面的吸附与脱附、与氧原子的结合、中间物种的形成及分解等。一般而言,塔菲尔斜率可以通过初步估计其电子转移数来判断动力学过程。根据 Butler - Volmer 方程,塔菲尔斜率 $b = -2.303RT/(\beta nF)$,其中 T 为反应温度,R 为气体常数,β 为非对称因子(经验值范围为 0.4 ~ 0.6),F 为法拉第常数,n 为电子转移数。根据 Butler - Volmer 方程及塔菲尔斜率(69 $mV \cdot dec^{-1}$)推算得到的电子转移数为 1.70(接近于 2)。通过这一结果可以初步得出结论,以四氧化三钴纳米薄片作为催化剂主要通过两电子过程完成电催化分解水制氧,其中 OOH^{ads} 为主要中间产物。

随后为了进一步证明催化反应历程,笔者利用强制对流技术——旋转环盘电极的收集实验,进行中间产物的检测收集。环盘电极测试在氮气饱和的 1.0 $mol \cdot L^{-1}$ KOH 中以 1600 $r \cdot min^{-1}$ 的转速完成,盘电流用于电催化分解水制氧极化曲线的测试，而环电位分别保持 1.20 V 和 0.60 V，分别对应的是过氧化氢及氧气收集电位。从图 3 - 11 中可知，当盘电位高于 1.51 V 时，从极化曲线可以观察到明显的电流密度变化，此时体系中发生电催化分解水制氧过程。同时，观察环电流发现只有环电位为 0.6 V 即氧气的收集电位时，环电流密度有明显的变化，与之相比，过氧化氢的收集电位却观察不到环电流密度的变化。这一结果表明，在电催化分解水制氧过程中存在大量氧气作为最终产物，但是与之前分析有所冲突的是，体系中作为中间体的过氧化氢却没有被检测出来。从塔菲尔斜率推算的动力学过程应该是通过两个电子过程，以过氧化氢为中间体完成的，而接下来通过强制对流技术进行中间体检测时却得不到中间体 H_2O_2 或 OOH^{ads} 的信号。为什么会出现上述情况？是否在电催化分解水制氧中有某个重要的中间过程被忽略？为此本章提出假设，并设计实验进行进一步论证。

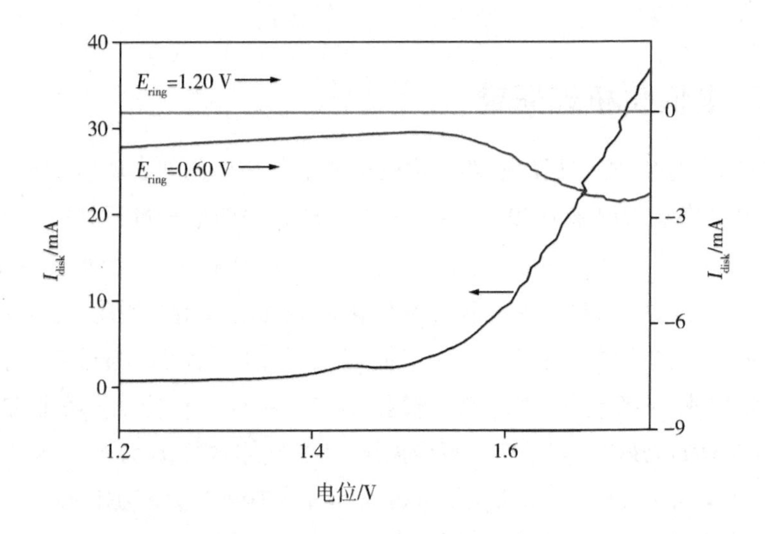

图 3 - 11　旋转环盘电极的极化曲线，四氧化三钴纳米薄片催化剂负载在盘上，铂环上加 1.2 V 或者 0.6 V 的恒电位

首先，猜测中间体未被检出是由于中间体被分解，在体系中加过氧化氢，通过电化学信号的分析，证明四氧化三钴纳米薄片对过氧化氢的氧化分解作用。在 1 mol · L^{-1} KOH 电解液中不同过氧化氢浓度下进行电位为 1.0 ~ 1.6 V的循环伏安测试,结果如图 3 – 12(a)所示。通过循环伏安曲线可以观察到,不加入过氧化氢的四氧化三钴薄片分别在电位为 1.25 V 和 1.49 V 可见氧化峰,其对应 $Co^{II/III}$ 和 $Co^{III/IV}$ 的氧化峰。随着过氧化氢的加入,在相同电位下电流密度明显升高,并且更高电位下电流密度升高更加明显,尤其是 1.49 V 对应的 $Co^{III/IV}$ 处氧化峰最为明显。为了证明并对比不同电压下四氧化三钴纳米薄片对过氧化氢的氧化分解能力,笔者分别在电位为 1.00 V、1.25 V 和 1.45 V 条件下进行恒电位测试,在测试过程中大约每隔 200 s 滴加过氧化氢使得体系浓度达到 0.5 $mol \cdot L^{-1}$,如图 3 – 12(b)所示。通过恒电位测试可以看出,电位为 1.00 V 时,几乎看不到双氧水氧化信号,而电位为 1.25 V 及 1.45 V 时则可以观察到明显的过氧化氢氧化信号,1.45 V 时氧化信号最明显。通过设计实验得出的测试结果表明,对于四氧化三钴纳米薄片来说,电位 1.45 V(即为 $Co^{III/IV}$)时有较强的氧化分解过氧化氢的能力。

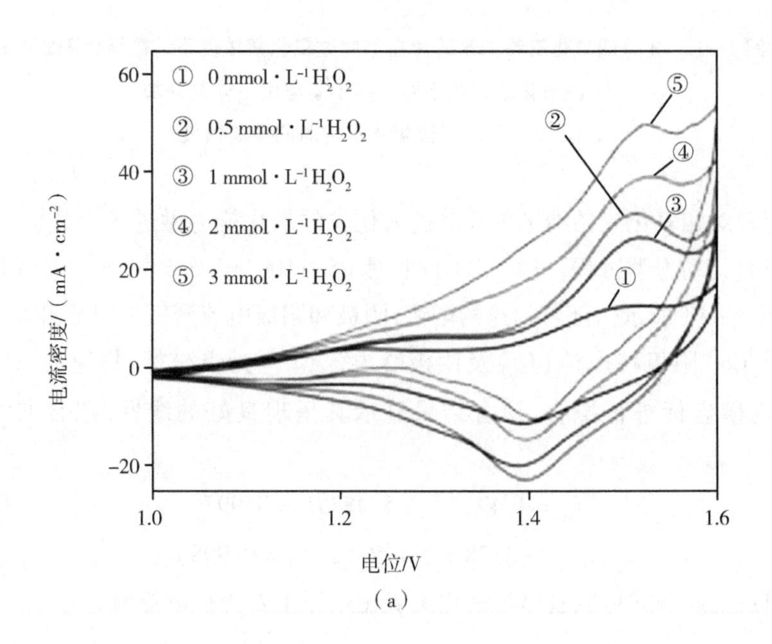

(a)

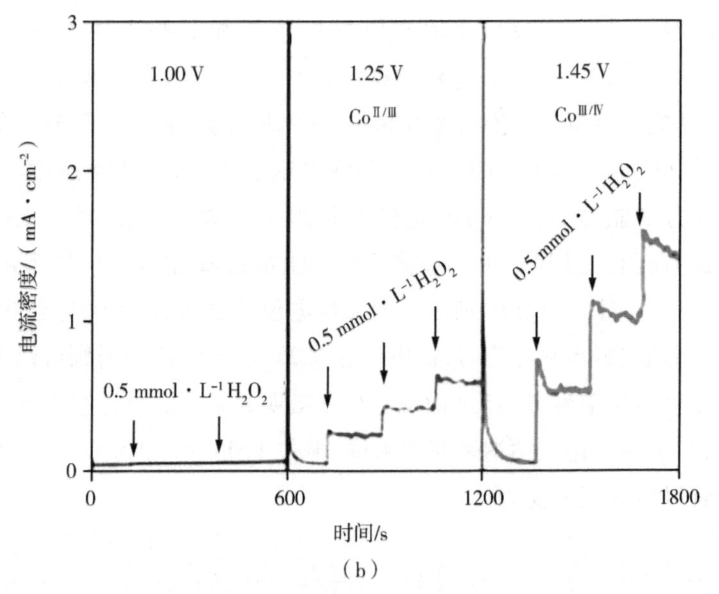

(b)

图 3 - 12 (a)四氧化三钴纳米薄片在不同过氧化氢浓度下的循环伏安曲线；(b)四氧化三钴纳米薄片在不同电位下体系外加 0.5 mmol · L^{-1} 过氧化氢的时间电流曲线

笔者对四氧化三钴纳米薄片对过氧化氢的氧化能力做进一步分析。首先，为了研究其动力学过程，进行了不同扫速（5 ~ 100 mV · s^{-1}）下的循环伏安测试，如图3 - 13 所示。随着扫速的增快，阴极和阳极电流密度也明显升高。随后以 Co^{III}/Co^{IV} 阳极峰电流（i_{pa}）及阴极峰电流（i_{pc}）为纵坐标，扫速的 1/2 次幂（$v^{1/2}$）为横坐标进行拟合，拟合结果显示其呈现良好的线性，拟合曲线方程如下：

$$i_{pa} = 4.49\, v^{1/2} - 5.48 (R^2 = 0.997) \tag{3-1}$$

$$i_{pc} = -3.28\, v^{1/2} + 2.52 (R^2 = 0.998) \tag{3-2}$$

通过上面两式可以看出过氧化氢氧化过程主要受扩散控制。

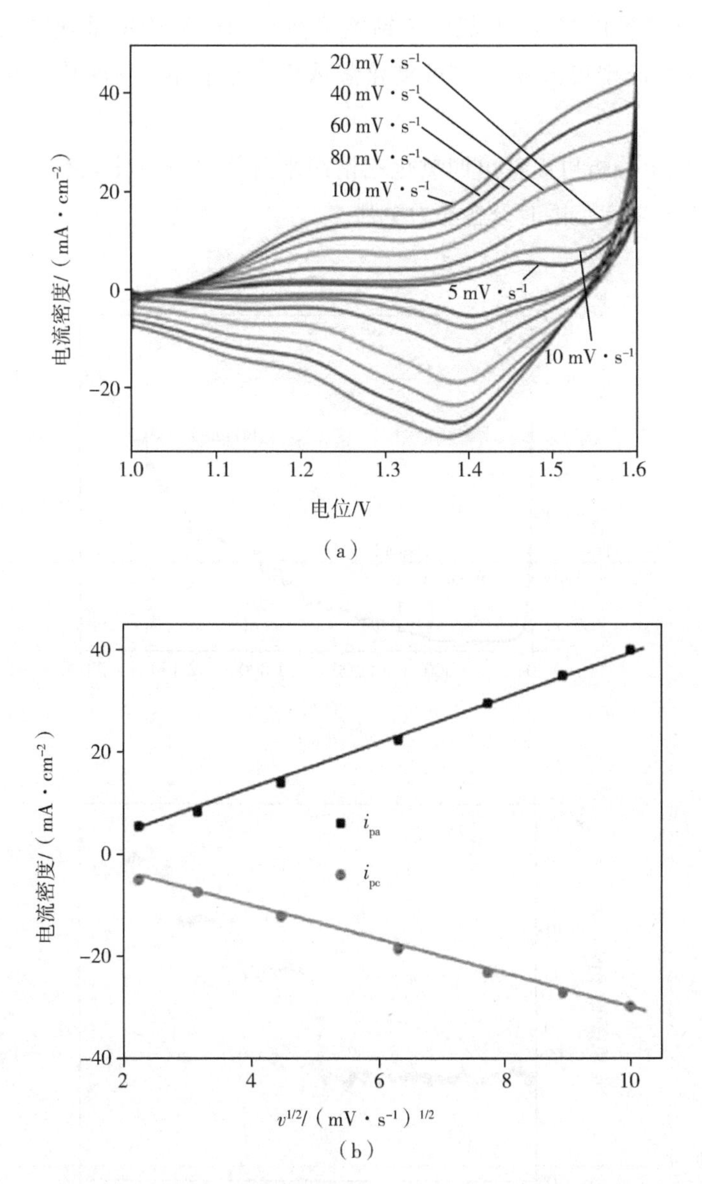

图 3－13　(a)四氧化三钴纳米薄片在 1 mol · L^{-1}KOH 中不同扫速下的循环伏安曲线；(b)阳极及阴极的 $v^{1/2}$ 和电流密度的线性拟合曲线

为了进一步研究四氧化三钴纳米薄片对过氧化氢氧化的催化活性，笔者在进行 1.45 V 恒电位测试时加入不同浓度的过氧化氢，如图 3－14(a)所示。随着过氧化氢浓度的增加，四氧化三钴纳米薄片的电流密度呈现典型阶梯性上升，随后对电流密度及体系中过氧化氢浓度进行拟合，发现其呈现双段线性关系。

通过以上分析可以看出四氧化三钴纳米薄片对过氧化氢有很强的分解能力，而且在低浓度范围时分解能力更强。

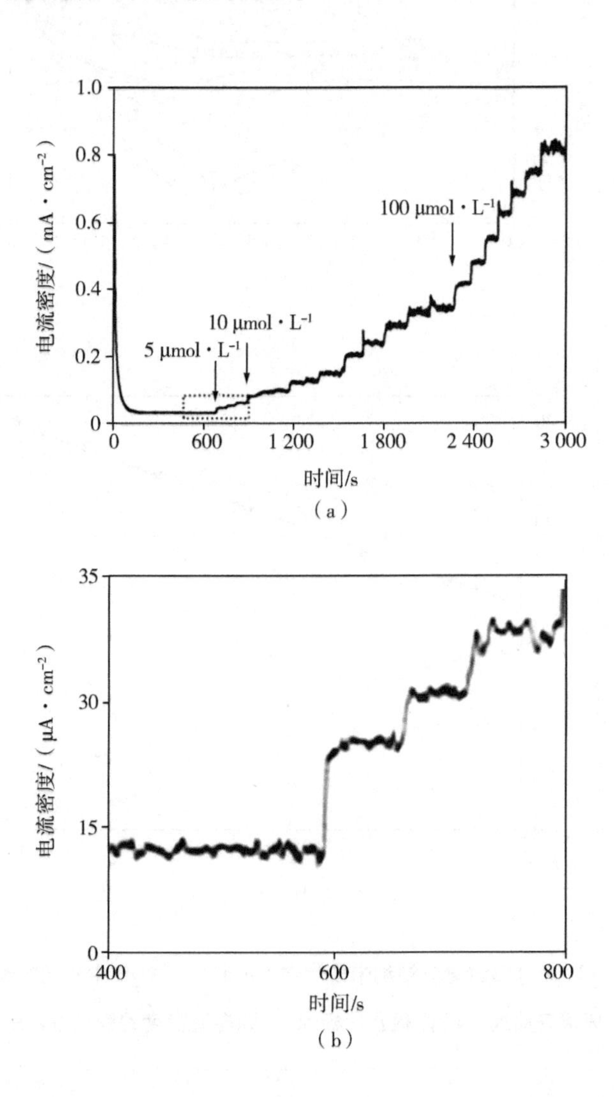

（a）

（b）

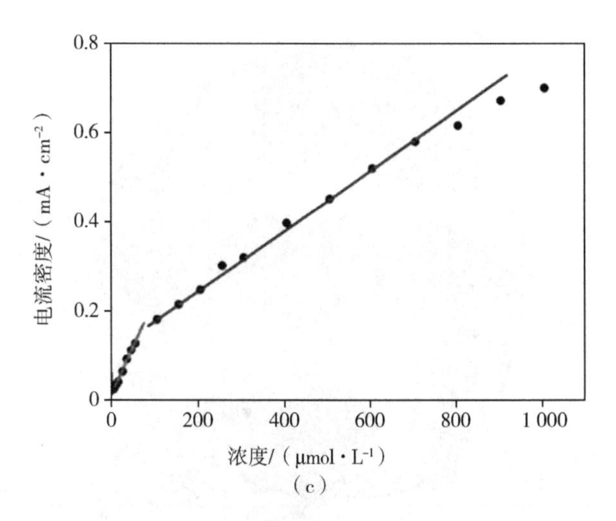

图 3-14 (a)电位为 1.45 V 四氧化三钴纳米薄片在 1 mol·L^{-1}KOH 中分次滴加过氧化氢的时间电流曲线;(b)图(a)中方框区域放大;(c)过氧化氢浓度及电流密度的线性关系图

通过以上分析我们可以初步得出结论,四氧化三钴纳米薄片作为催化剂具有强大的电催化过氧化氢氧化的能力,通过两个连续的两电子过程完成电催化分解水制氧反应。第一个两电子过程产生的过氧化氢为中间体(OOH^{ads}),随后中间体被快速分解为氧气。所以,四氧化三钴纳米薄片虽然具有很大的塔菲尔斜率,却依然具有很高的电催化分解水制氧活性。最后对最近所发表的文章中的钴基催化剂电催化分解水制氧性能进行总结,如表 3-4 所示,大多数钴基金属都存在塔菲尔斜率大但催化性能优异的情况。

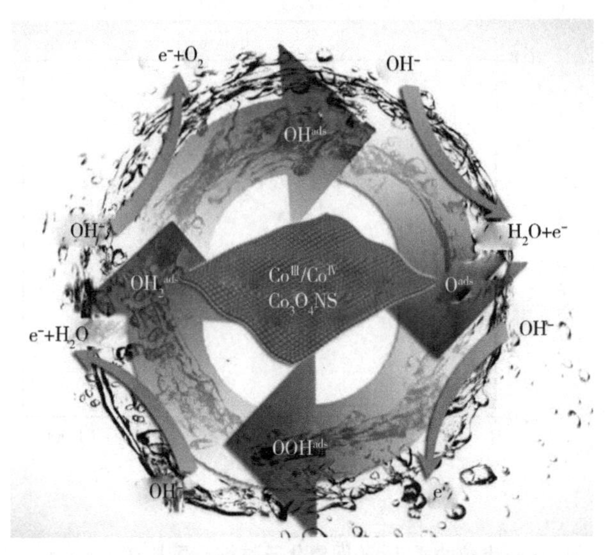

图 3-15 四氧化三钴纳米薄片电催化分解水催化机理图

表 3-4 四氧化三钴纳米薄片与文献中的钴基催化剂电催化分解水性能比较

催化剂	起峰电位/V	电流密度为 10 mA · cm^{-2} 时的电位/V	塔菲尔斜率/(mV · dec^{-1})
NiCo LDH/CP[a]	1.535	1.597	40
Exfoliated CoCo LDH	1.535	1.583	45
Exfoliated NiCo LDH	1.515	1.564	41
NiCo LDH NTA[b]	1.540	1.690	65
Ni NTA[b]	1.604	1.890	145
NG[c] - NiCo LDH	1.580	1.63(145.3 mA · cm^{-2})	614
CoNi LDH	1.590	1.640(5 mA · cm^{-2})	—
CoNi LDH	1.623	1.720(1 mA · cm^{-2})	—
CoCo LDH	1.638	1.840	—
NiCo LDH/泡沫 Ni	1.520	1.650	113
ZnCo LDH	1.570	—	—
CoMn LDH	1.500	1.554	43
NiCoFe LDH	1.460	—	53
CoO/N - CG[d]	—	1.570	71

续表

催化剂	起峰电位/V	电流密度为 10 mA · cm^{-2} 时的电位/V	塔菲尔斜率/(mV · dec^{-1})
$NiCo_2O_4$ HNS[e]	1.500	1.590	64
PNG[f] – $NiCo_2O_4$	1.540	—	156
NG – $NiCo_2O_4$	1.570	—	249
$NiCo_2O_4$ NS[g]	1.550	—	30
$Ni_{0.6}Co_{2.4}O_4$/Ni foil	1.570	1.760	—
Co_3O_4/N – rGO	—	1.540	67
CoNi LDH/CoO NS	1.480	1.530	123
Co_3O_4 – CNT	1.510	1.620	65
Co_3O_4@/NMC[h] – CNT	1.500	1.550	62
Co_3O_4纳米立方体/N – rGO	1.450	1.510	69
Co_3O_4 NS	1.510	1.560	69

a:CP,碳纸;

b:NTA, 纳米管阵列;

c:NG, 氮掺杂石墨化碳;

d:N – CG,氮掺杂富褶皱石墨化碳;

e:HNS, 多孔纳米海绵;

f:PNG, 三维多孔氮掺杂石墨化化碳;

g:NS,纳米片;

h:NMC,氮掺杂介孔碳层。

3.4　本章小结

本章通过界面导向法制备了四氧化三钴纳米薄片,因为其二维结构及低晶化度而具有较大的电化学活性比表面积,从而表现出很强的电催化分解水制氧催化能力。在研究过程中发现,这种纳米薄片虽然具有很高的催化活性,但其塔菲尔斜率为 69 mV · dec^{-1},根据 Butler – Volmer 方程换算出电子转移数接近于 2,说明反应过程更接近于两电子过程,过氧化氢为反应的中间体。随后笔者通过强制对流技术进行中间体检测,结果发现双氧水这一重要的中间体没有检出信号。为了解释这一现象,笔者猜想在反应过程中生成的过氧化氢中间体会被电催化分解水制氧的活性中心 $Co^{Ⅲ}/Co^{Ⅳ}$ 原位分解。随后笔者设计了不同电位条件下在体系中加入过氧化氢的实验,发现 $Co^{Ⅲ}/Co^{Ⅳ}$ 对双氧水具有很强的分解能力。最后得出结论,四氧化三钴纳米薄片通过两个两电子过程($2OH^{ads} \rightarrow 2O^{ads} \rightarrow OOH^{ads} \rightarrow O_2^{ads}$)完成制氧反应,第一个两电子过程生成 OOH^{ads},第二个两电子过程生成的 OOH^{ads} 快速被 $Co^{Ⅲ}/Co^{Ⅳ}$ 分解成 O_2。这一结果很好地解释了为什么这一催化材料同时具有很高的电催化活性和较大的塔菲尔斜率。

第四章　磷化钴－碳纤维纸电极的电催化全解水性能研究

4.1 引言

近年来,钴基催化剂被广泛应用在电催化分解水制氢、制氧的反应中,如Co、CoS_2、$CoSe_2$、CoP 等金属性的钴基材料通常可在全 pH 值下具有高效稳定的电催化分解水制氢的能力;而 CoO_x、$Co(OH)_2$、CoOOH 等钴基金属(氢)氧化物则通常在碱性体系中表现出高效稳定的电催化分解水制氧的催化性能。钴的氧化物及氢氧化物虽然具有高效的电催化分解水制氧性能,但是由于其电子传输能力较差,极大地限制了电催化性能的提高。为了解决这一问题,人们将具有良好导电性(金属性)的材料作为核,具有催化活性的材料作为壳,构筑核壳结构,使得催化剂的导电性得以提高。金@氧化钴核壳结构的构筑已被证明可以提高电催化分解水制氧活性,但是由于金价格昂贵,不适合实际应用。故而,构筑廉价、易制备的、可提高电子传输能力的核壳结构催化剂引起研究人员的重视。

在实际应用中,为了实现大规模的电催化分解水,制备大尺寸、廉价、高效、稳定的自支持电极至关重要。通常,选用导电玻璃、泡沫镍、金属片、碳纤维纸等作为集流体,将具有催化活性的材料涂覆或直接生长在集流体上构筑自支持电极。其中,采用直接生长的办法制备的电极一般具有稳定性高、催化剂与集流体接触紧密等特点,因而最受追捧。这种自支持电极在电催化分解水过程中利于气体扩散,同时,催化前后催化剂的变化情况可以直接进行表征。

本章在碱性体系下构筑了一个两电极非对称的全解水体系,其中以具有制氢活性的 CoP－碳纤维纸电极作为阴极,以原位氧化得到的具有制氧活性的 CoO_x@CoP－碳纤维纸电极作为阳极。在 10 $mA \cdot cm^{-2}$的电流密度下全解水的开路电压为 1.80 V。其中,CoP－碳纤维纸电极在全 pH 值下表现出良好的 HER 活性。而阳极材料 CoO_x@CoP－碳纤维纸则是 CoP－碳纤维纸经过电化学氧化过程制备得到的。通过 XPS、TEM 及 Raman 等手段研究了电化学氧化前后催化剂的表面及体相的变化情况。

4.2 实验部分

4.2.1 自支持催化电极的制备

钴前驱体－碳纤维纸的制备：碳纤维纸用5%盐酸及丙酮交替超声浸泡30 min，用蒸馏水超声洗涤30 min后室温干燥备用。首先通过水热法将钴前驱体直接生长在碳纤维纸上。通常，取30 mg尿素加入到30 mL 40 mmol·L^{-1}乙酸钴溶液中，常温下搅拌30 min直至完全溶解。随后将混合溶液转移到40 mL水热釜中，同时将一片尺寸为1.5 cm×4 cm处理后的碳纤维纸浸没在溶液中超声2 h，之后将水热釜加热到150 ℃，保温5 h。随后冷却到室温，取出碳纤维纸后再用蒸馏水和乙醇反复冲洗，室温中晾干，相应的粉体也收集起来用于后续实验及表征。

磷化钴－碳纤维纸的制备：准备2 g次磷酸钠放置于瓷舟中，随后将之前制备的钴前驱体－碳纤维纸覆盖在瓷舟上。将上述样品置于管式炉中，抽真空后通入氮气，保持氮气气氛，以2 ℃·min^{-1}的升温速率升温至300 ℃后保温2 h，在氮气气氛中冷却。

氧化钴@磷化钴－碳纤维纸的制备：氧化钴@磷化钴－碳纤维纸是通过对磷化钴－碳纤维纸电化学氧化处理得到的。采用三电极体系在1.0～1.5 V电位区间内进行循环伏安处理10圈至稳定状态（电解液为1 mol·L^{-1} KOH）。

氧化钴、单质钴－碳纤维纸的制备：将之前制备的钴前驱体－碳纤维纸置于瓷舟中，随后在管式炉中以2 ℃·min^{-1}的升温速率升温至300 ℃后保温2 h，自然冷却到室温。不同的是，氧化钴－碳纤维纸在空气气氛中煅烧得到，而单质钴－碳纤维纸则在50% H_2和50% N_2混合气氛中煅烧得到。

4.2.2 电化学测试

电化学测试采用三电极体系，通过VersaSTAT 3工作站进行数据采集。以铂片为对电极，饱和甘汞电极为参比电极（最终电极电位都换算成可还原的氢电极电位），而之前制备的碳纤维纸为工作电极。电解液根据测试要求不同分别使用1 mol·L^{-1}KOH、0.5 mol·L^{-1} H_2SO_4及硼酸缓冲溶液。每个工作电极在测试前都在相应的电位区间进行 50 圈循环伏安测试，以获得稳定的电极表面。极化曲线测试扫速设置在 5 mV · s^{-1}，稳定性测试保持 10 mA · cm^{-2}的电流密度 4 h。以上所有测试均在室温（约为 25 ℃）下完成。塔菲尔斜率是通过塔菲尔方程和极化曲线计算得来的。电催化全解水测试在两电极体系中完成，在 1 mol · L^{-1}KOH 中，电解池的一极连接电化学工作站的工作电极，另一极连接电化学工作站的参比电极和对电极。

4.3　结果分析与讨论

4.3.1　物性表征

实验流程图如图 4－1 所示。本章通过水热法将钴前驱体原位生长在碳纤维纸上，通过 300 ℃热分解次磷酸钠得到磷化氢，对钴前驱体进行磷化处理后转化成磷化钴，磷化钴－碳纤维纸可作为电催化分解水制氢的自支持电极；随后将此电极加氧化电位，在 1 mol · L^{-1} KOH 中进行电化学氧化处理，得到氧化钴@磷化钴－碳纤维纸，其可作为电催化分解水制氧的自支持电极。用此方法制备的催化剂－碳纤维纸材料可直接作为自支持电极，同时尺寸大，可裁剪，这些特性在组装全解水电解池中是十分必要的。在分别对制氢及制氧电极，进行性能测试及表征后，笔者组装了全解水电解池进行电化学全解水性能测试。为了对比，笔者分别制备了四氧化三钴－碳纤维纸电极及单质钴－碳纤维纸电极。

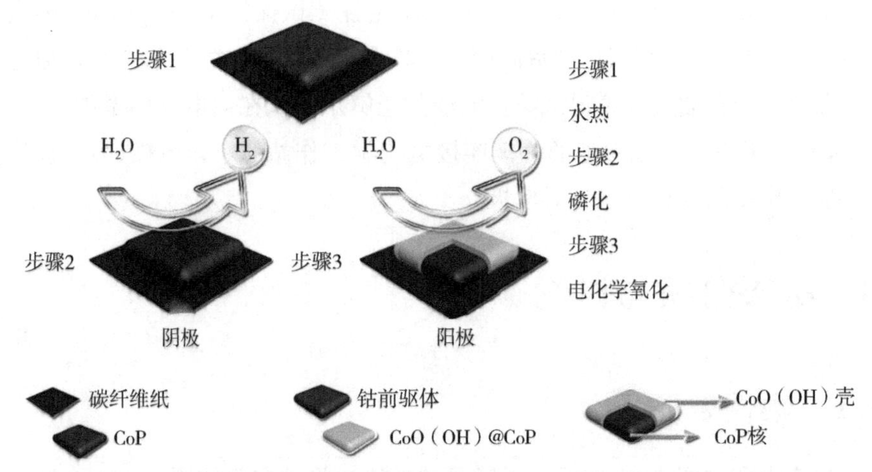

图 4－1　电催化全解水体系的构成示意图，其中磷化钴－碳纤维纸作为阴极，氧化钴@磷化钴－碳纤维纸作为阳极

为了了解所合成样品的组成，笔者首先进行了 XRD 分析，如图 4－2 所示。通过与标准谱图对比，钴前驱体在空气中煅烧得到的样品的 XRD 谱图中，2θ 为 19.03°、31.28°、36.83°、38.52°、44.80°、55.34°、65.23°、77.31°处的衍射峰分别对应 Co_3O_4(111)、(220)、(311)、(222)、(400)、(422)、(440)、(533) 晶面，说明所得到的材料为四氧化三钴。而在经过氢气还原处理的钴前驱体得到的样品的 XRD 谱图中，2θ 为 41.70°、44.73°、47.54°、75.94°处的衍射峰分别对应 Co (100)、(002)、(101)、(110) 晶面，说明所得到的材料为单质钴。在经过磷化处理的钴前驱体得到的样品的 XRD 谱图中，2θ 为 31.62°、35.34°、36.32°、36.72°、46.22°、48.11°、48.34°、52.69°、56.01°处的衍射峰分别对应CoP(111)、(220)、(311)、(222)、(400)、(422)、(511)、(440)、(533) 晶面，说明所得到的材料为磷化钴。

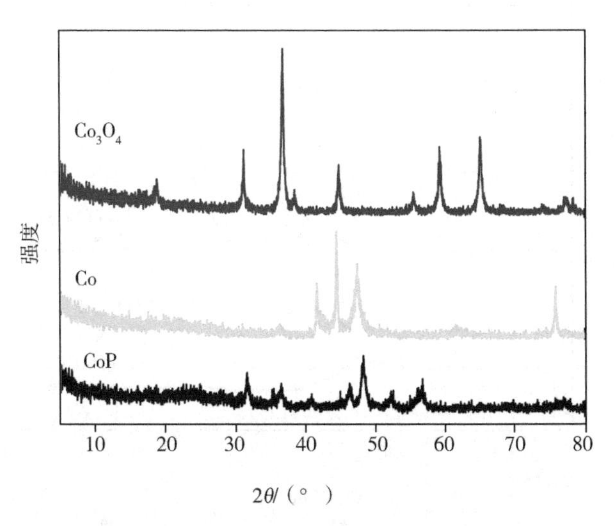

图4－2　磷化钴、四氧化三钴和单质钴的XRD谱图

为了进一步了解材料的组成，特别是表面状态，笔者通过Raman光谱对材料进行表征，如图4－3所示。与之前XRD表征晶体体相结构不同，Raman光谱作为一种散射光谱得到的是样品表面的信息。在单质钴－碳纤维纸、氧化钴－碳纤维纸和氧化钴@磷化钴－碳纤维纸中均观察到类似的伸缩振动峰，所对应的位置分别为194 cm^{-1}、482 cm^{-1}、521 cm^{-1}、619 cm^{-1}、692 cm^{-1}，其恰好是四氧化三钴的F_{2g}、E_g、F_{2g}、F_{2g}、A_{1g}振动模式的伸缩振动峰。通过XRD与Raman的综合分析，氧化钴－碳纤维纸电极表面的催化活性物质、体相及表面均为四氧化三钴；单质钴－碳纤维纸电极体相为四氧化三钴，表面的钴单质由于在空气中较为活泼，直接被氧化为四氧化三钴，同样经过电化学氧化后磷化钴表面也产生一层氧化层，经Raman表征为四氧化三钴；而磷化钴－碳纤维纸电极的体相和表面均为磷化钴。

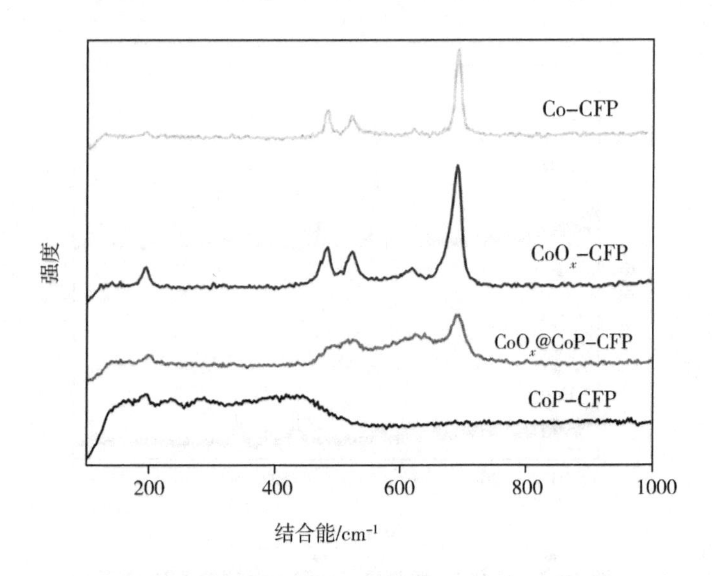

图4－3　磷化钴－碳纤维纸、氧化钴－碳纤维纸、氧化钴@磷化钴－碳纤维纸和单质钴－碳纤维纸的 Raman 光谱

XPS 可以分析材料表面化学组成及价态信息笔者对磷化钴－碳纤维纸电极分别经过 HER 及 OER 过程后进行 XPS 分析，如图 4－4 所示。如图4－4(a)所示，经过 HER 过程之后的样品仍然有明显的磷的峰，而经过 OER 过程之后，催化剂表面几乎探测不到磷元素的信号。进一步对Co 2p进行分析，经过 HER 过程，样品在 778.2 eV(Co 2p $2p_{3/2}$)和 793.1 eV(Co 2p $2p_{1/2}$)处的峰归属于钴的还原态，相比于 OER 过程之后的样品，峰位置向高结合能(795.1 eV，780.1 eV)方向移动，对应的是钴的氧化态，如图 4－4(b)所示。529.9 eV、531.29 eV和 532.88 eV 处的峰分别归属于晶格氧、羟基氧及碳氧物种。对比 HER 及 OER 过程之后氧物种的变化发现，经过 OER 过程之后出现大量的晶格氧，而 HER 过程之后仅能观察到羟基氧和碳氧。经过 OER 过程后，磷化钴被氧化，形成了一层氧化层。

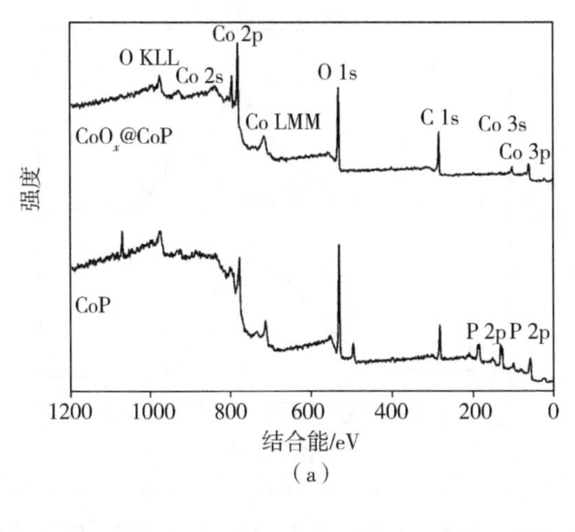
Co 2p
O KLL
Co 2s
O 1s
Co LMM
C 1s
Co 3s
Co 3p
CoO$_x$@CoP
强度
CoP
P 2p P 2p
1200
1000
800
600
400
200
0
结合能/eV
(a)

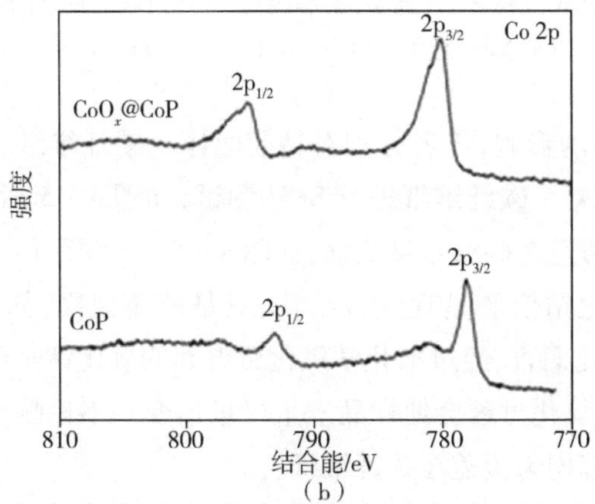
$2p_{3/2}$
Co 2p
$2p_{1/2}$
CoO$_x$@CoP
强度
$2p_{3/2}$
$2p_{1/2}$
CoP
810
800
790
780
770
结合能/eV
(b)

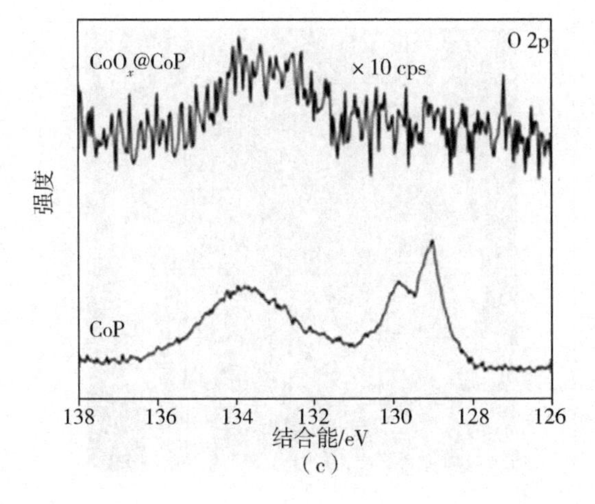
O 2p
CoO$_x$@CoP
× 10 cps
强度
CoP
138
136
134
132
130
128
126
结合能/eV
(c)

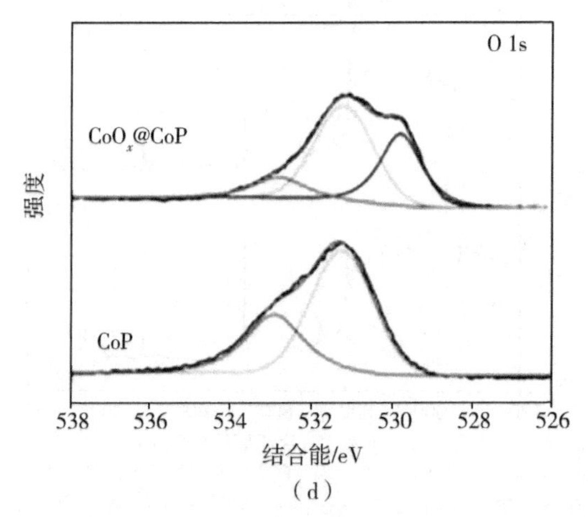

(d)

图4-4 经过OER过程之后(上面)的和经过HER过程之后(下面)的XPS谱图
(a)XPS全谱;(b)Co 2p;(c)O 2p;(d)O 1s

为了了解样品的形貌,笔者分别对钴前驱体-碳纤维纸、磷化钴-碳纤维纸和氧化钴@磷化钴-碳纤维纸进行SEM测试,如图4-5所示。钴前驱体呈现立方结构,均匀覆盖在碳纤维纸表面,如图4-5(a)和图4-5(b)所示。而经过磷化处理后,磷化钴依然呈现立方结构,只是棱角模糊,如图4-5(c)和图4-5(d)所示。相比而言,经过电化学氧化后得到的氧化钴@磷化钴形变明显,说明磷化钴电化学氧化过程会使样品发生严重形变。不论哪种样品,经过哪种过程,钴基催化剂都均匀覆盖在碳纤维纸上。

(a)

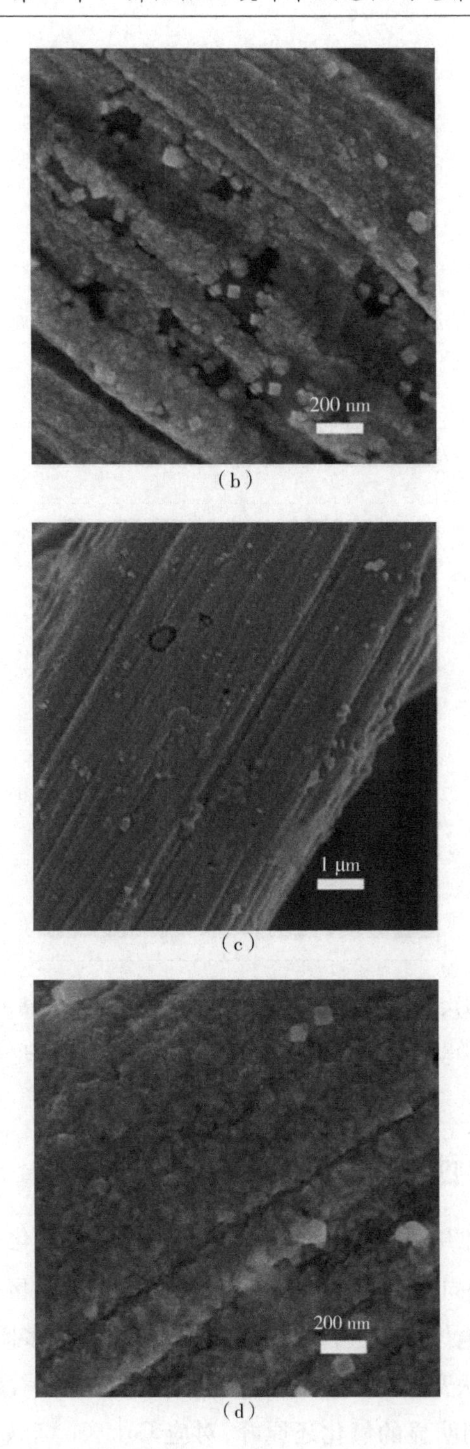

(b)

(c)

(d)

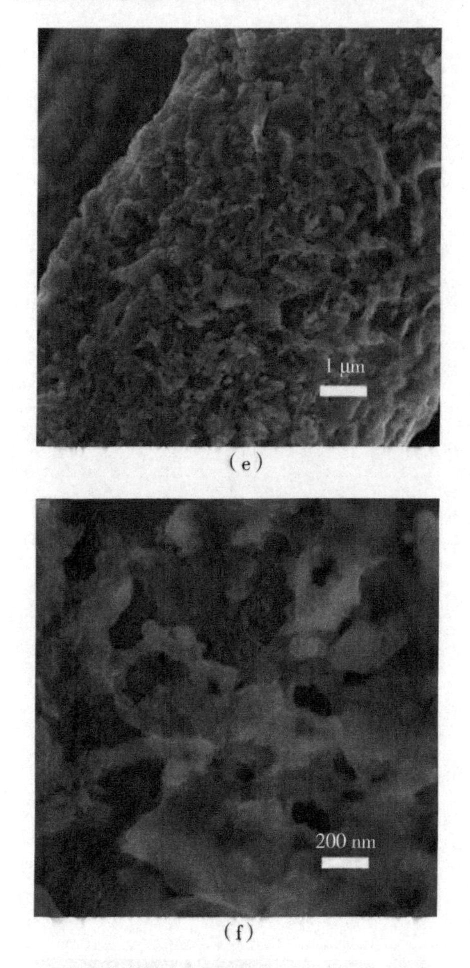

(e)

(f)

图 4-5 (a)、(b)钴前驱体-碳纤维纸,(c)、(d)磷化钴-碳纤维纸,(e)、(f)OER 过程后的氧化钴@磷化钴-碳纤维纸的 SEM 照片

4.3.2 电化学性能测试

磷化钴-碳纤维纸是通过电化学氧化过程完成向氧化钴@磷化钴-碳纤维纸转变的。在 1 mol · L^{-1} KOH 中,1.0~1.6 V 的电位区间内,以5 mV · s^{-1} 扫速由低电位向高电位方向进行第一圈扫描,随后完成多圈循环伏安扫描,第一圈及第三圈循环伏安记录如图 4-6 所示。从图中可以看出,第一圈在 1.1 V 和 1.45 V 能观察到明显的氧化还原峰,对应 Co^{II}/Co^{III} 和 Co^{III}/Co^{IV} 的氧化峰。

而经过三圈循环之后，钴的两个氧化还原峰均明显变弱，说明表面大量的磷化钴被氧化，同时氧化过程在电化学条件下是不可逆的。

具体的 OER 过程如下：

$$Co^{*} + OH^{-} \longrightarrow Co^{*}OH + e^{-} \quad (4-1)$$

$$Co^{*}OH + OH^{-} \longrightarrow Co^{*} + O^{*} + H_2O + e^{-} \quad (4-2)$$

$$Co^{*} + O^{*} + OH^{-} \longrightarrow Co^{*}O(OH) + e^{-} \quad (4-3)$$

$$Co^{*}O(OH) + OH^{-} \longrightarrow Co^{*}O_2 + H_2O + e^{-} \quad (4-4)$$

$$Co^{*}O_2 + OH^{-} \longrightarrow Co^{*}OH + O_2 + e^{-} \quad (4-5)$$

总反应：

$$4OH^{-} \longrightarrow O_2 + 2H_2O + 4e^{-} \quad (4-6)$$

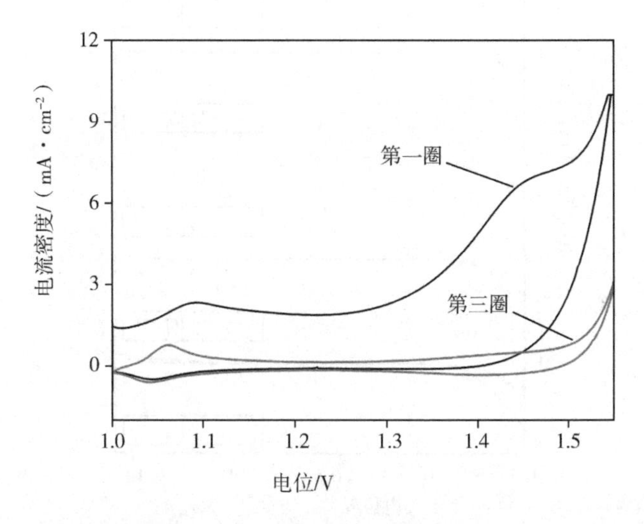

图 4－6　磷化钴－碳纤维纸在 1 mol·L^{-1}KOH 中以 5 mV·s^{-1}扫速在 1.0～1.6 V 进行循环伏安测试

为了进一步了解电化学氧化过程对材料催化性能的影响，分别在不同电位范围内进行多圈循环伏安测试。其中在－0.5～1.55 V 电位区间包括催化剂的电化学氧化过程及电催化分解水制氢过程的电位，而在－0.5～1.0 V 电位区间仅包括催化剂的电催化分解水制氢过程的电位。对比发现，经过电化学氧化过程，电催化分解水制氢性能明显降低，说明在电化学氧化过程中形成的表面氧化层严重阻碍了体相磷化钴与电解液的接触,降低制氢性能。未经过电化学氧化过程,磷化钴作为电催化分解水制氢催化剂有着较为稳定的催化活性。总体来说,电催化分解水制氧过程给催化剂本身带来了不可逆的氧化过程,在电化学过程中发生了磷化钴的氧化,最终表面生成一层稳定的钴的氧化层。同时,这个氧化过程在电化学循环伏安过程中是不可逆的,同时这层氧化层是不具有电催化分解水制氢活性的。

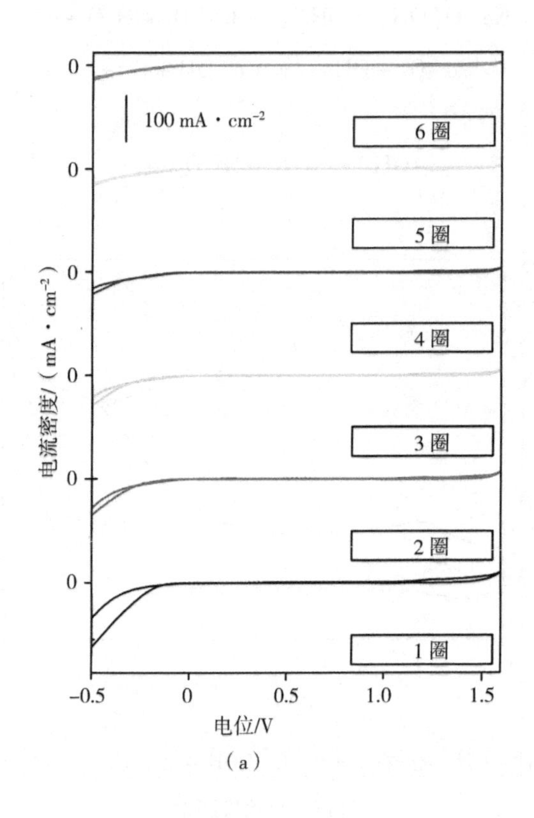

(a)

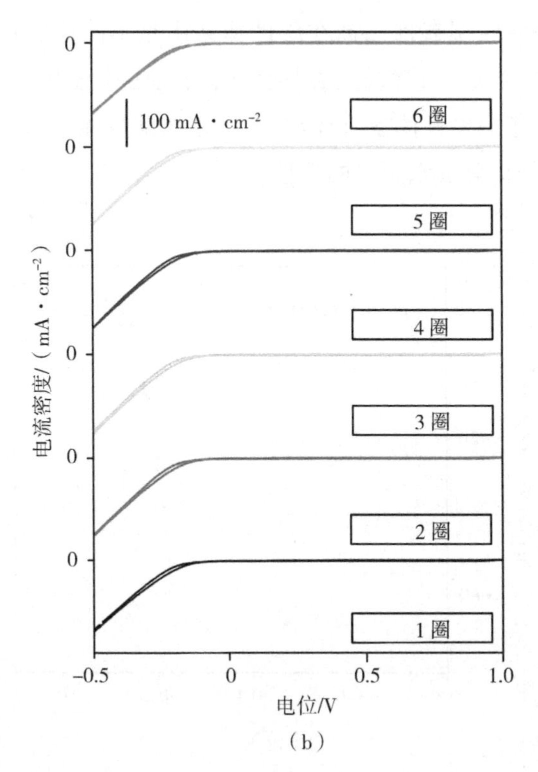

（b）

图 4－7 磷化钴－碳纤维纸在 1 mol · L^{-1} KOH 中以 50 mV · s^{-1} 扫速在（a）－0.5～1.55 V 和（b）－0.5～1.0 V 范围内的循环伏安曲线

首先，将磷化钴－碳纤维纸电极作为工作电极，在三电极体系中通过极化曲线的测试来研究催化电极在电催化分解水制氢方面的活性，如图 4－8 所示。为了全面测试其电催化分解水制氢的活性，笔者分别在碱性体系（1 mol · L^{-1} KOH，pH＝13.8）、弱碱性体系（0.5 mol · L^{-1} 硼酸缓冲液，pH＝9.5）和酸性体系（0.5 mol · L^{-1} H_2SO_4，pH＝0）中进行测试。测试结果表明，磷化钴－碳纤维纸在不同 pH 值下均具有较好的电催化分解水制氢活性。通过分析磷化钴－碳纤维纸的极化曲线，在碱性体系（pH＝13.8）中，过电位仅为 63 mV，而在 10 mA · cm^{-2} 电流密度下电位也仅为 158 mV；在弱碱性体系（pH＝9.5）中，过电位仅为 64 mV，而在 10 mA · cm^{-2} 电流密度下电位也仅为 194 mV；在酸性性体系（pH＝0）中，过电位仅为 17 mV，而在 10 mA · cm^{-2} 电流密度下电位也仅为 88 mV。在酸性体系中，其对电催化分解水制氢表现出最优异的催化活性。但是,一般电催化分解水制氧催化剂在酸性体系中是不能稳定存在的,故而为了组装廉价全解水电解池,通常选用碱性体系。因此,电催化分解水制氢也应关注碱性体系,相比于弱碱性体系(pH = 9.5),在强碱性体系(pH = 13.8)中催化剂具有更高的电催化分解水制氢的活性。

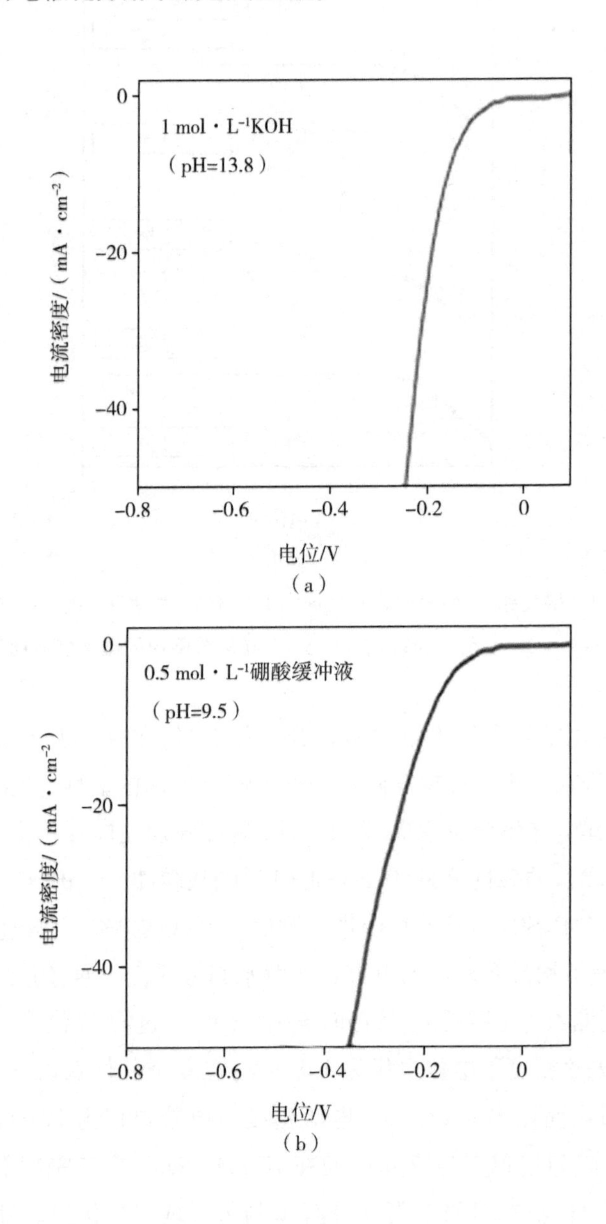

(a)

(b)

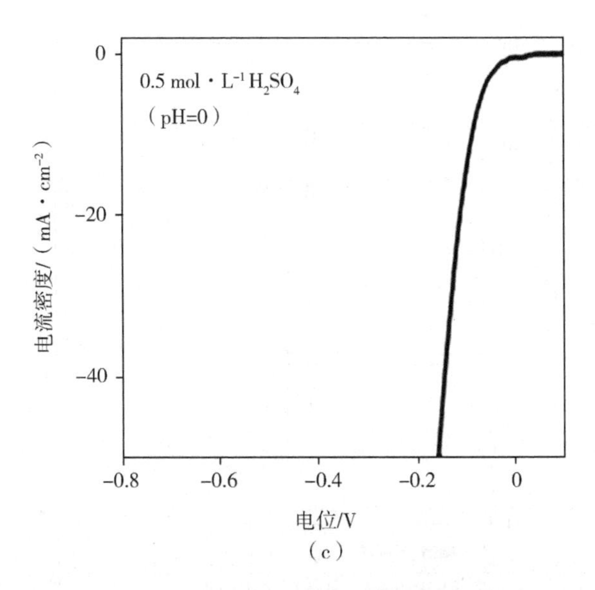

图4－8　磷化钴－碳纤维纸在不同 pH 值下的极化曲线（扫速为 5 mV · s^{-1}）

(a) 1 mol · L^{-1}KOH(pH＝13.8)；(b) 0.5 mol · L^{-1}**硼酸缓冲液**(pH＝9.5)；

(c) 0.5 mol · $L^{-1}$$H_2SO_4$(pH＝0)

在 1 mol · L^{-1} KOH 中对催化电极进行电催化分解水制氧性能测试，如图 4－9所示，每个电极测试之前均在相应的电位区间进行 50 圈循环伏安扫描以得到稳定的电极表面。首先，分别对氧化钴@磷化钴－碳纤维纸、单质钴－碳纤维纸、四氧化三钴－碳纤维纸电极进行测试。结果表明，氧化钴@磷化钴－碳纤维纸电极具有最高的电催化分解水制氧活性，起峰电位为 1.49 V，电流密度为 10 mA · cm^{-2}时电位为 1.54 V；而单质钴－碳纤维纸、四氧化三钴－碳纤维纸电极极化曲线几乎重合，起峰电位为 1.56 V，电流密度为 10 mA · cm^{-2}时电位约为 1.6 V。塔菲尔曲线如图 4－9(c)所示，氧化钴@磷化钴－碳纤维纸电极塔菲尔斜率为 60 mV · dec^{-1}，单质钴－碳纤维纸、四氧化三钴－碳纤维纸电极塔菲尔斜率同为 65 mV · dec^{-1}。随后的恒电流测试(j_0＝10 mA · cm^{-2})如图 4－9(d)所示，在 12 h 的测试中，电位几乎保持不变说明氧化钴@磷化钴－碳纤维纸电极具有最高的电催化分解水制氧活性，同时具有良好的稳定性。

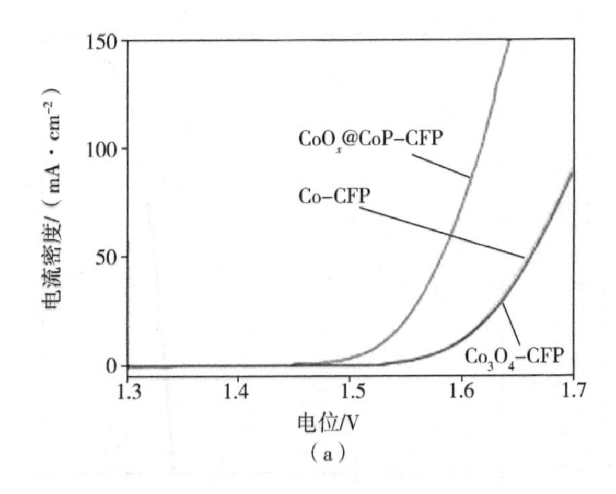

150
100
50
0
1.3
1.4
1.5
1.6
1.7
电流密度/（mA·cm⁻²）
电位/V
CoO$_x$@CoP-CFP
Co-CFP
Co_3O_4-CFP

（a）

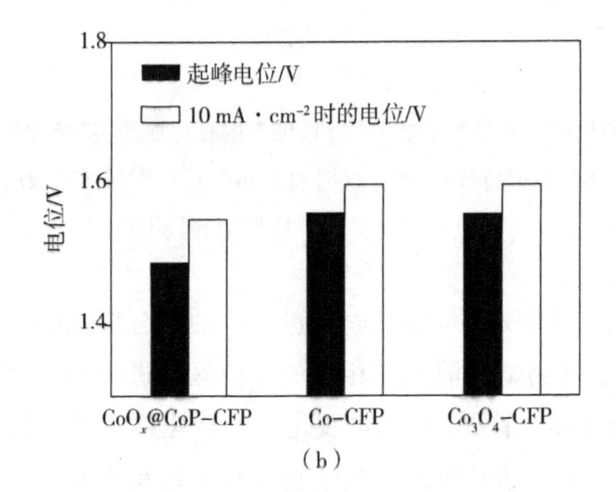

1.8
1.6
1.4
电位/V
起峰电位/V
10 mA·cm⁻²时的电位/V
CoO$_x$@CoP-CFP
Co-CFP
Co_3O_4-CFP

（b）

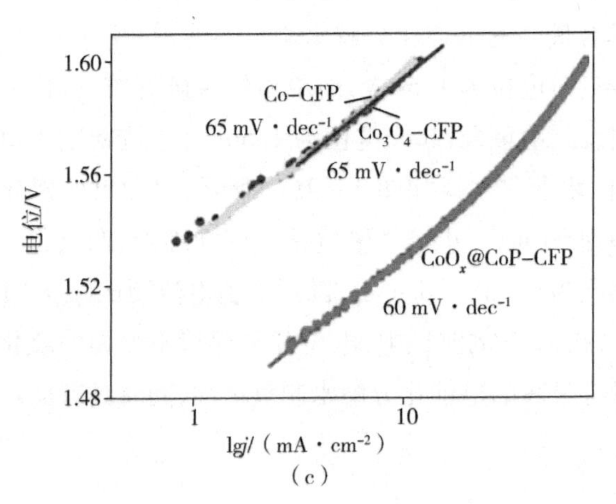

1.60
1.56
1.52
1.48
1
10
电位/V
lgj/（mA·cm⁻²）
Co-CFP
65 mV·dec⁻¹
Co_3O_4-CFP
65 mV·dec⁻¹
CoO$_x$@CoP-CFP
60 mV·dec⁻¹

（c）

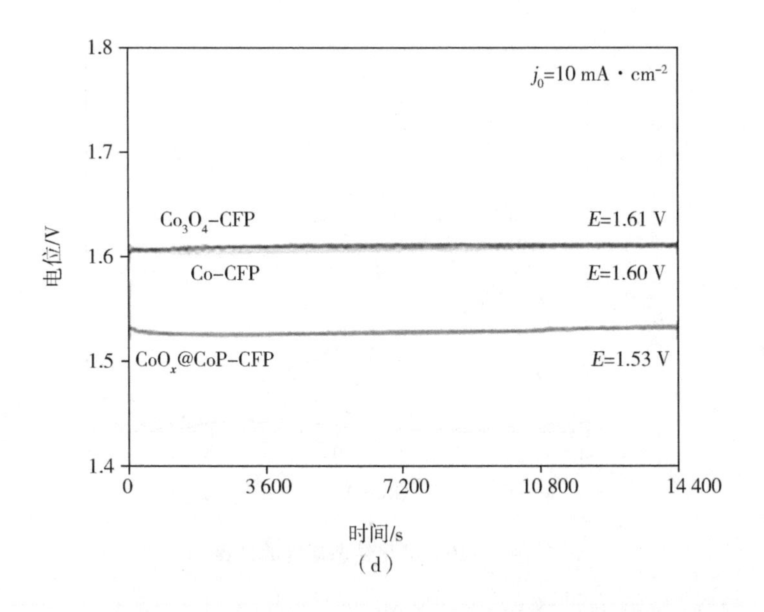

(d)

图 4－9 在 1 mol · L^{-1} KOH 中氧化钴@磷化钴－碳纤维纸、单质钴－碳纤维纸和四氧化三钴－碳纤维纸(a)经过 *iR* 降补偿的极化曲线；(b)起峰电位及电流密度为 10 mA · cm^{-2}的电位柱状图；(c)塔菲尔曲线；(d)电流密度为 10 mA · cm^{-2}的恒电流曲线

电极的物性表征和电化学测试结果表明，经过电化学氧化后得到的氧化钴@磷化钴－碳纤维纸电极与四氧化三钴－碳纤维纸电极相比，虽然具有类似的氧化钴表面层，但是氧化钴@磷化钴－碳纤维纸电极电催化分解水制氧活性却明显高于纯氧化钴。表面状态类似，材料的差别存在于体相，两个材料的体相一个为磷化钴，另一个为氧化钴。对于电催化反应，材料的导电性是决定材料电化学性质重要的因素之一。而通过态密度计算，如图 4－10 所示，将费米能级设为 0 eV，看出费米能级有电子填充，说明磷化钴为金属性，显然具有相比于半导体材料更高的导电性。可能是磷化钴这个金属性的核导致导电性提高。

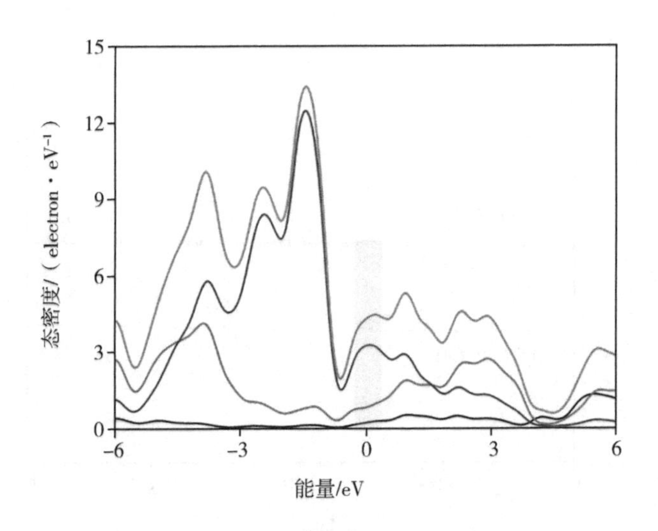

图 4-10　磷化钴态密度的计算

为了进一步接近实用化,本章最后将磷化钴-碳纤维纸电极作为阴极,经过电化学氧化之后的磷化钴-碳纤维纸电极(氧化钴@磷化钴-碳纤维纸电极)作为阳极,构筑全解水电解池,电解池的照片如图 4-11(a)所示。随后在 1 mol · L^{-1} KOH 中分别通过极化曲线及恒电流两种方法测试了其全解水性能,如图 4-11(b)和图 4-11(c)所示。通过极化曲线[图 4-11(b)]可以看出全解水的起峰电位为1.6 V,电流密度为 10 mA · cm^{-2}时电位为 1.76 V。在电化学全解水实际应用中,催化剂的稳定性也是重要评价因素之一。

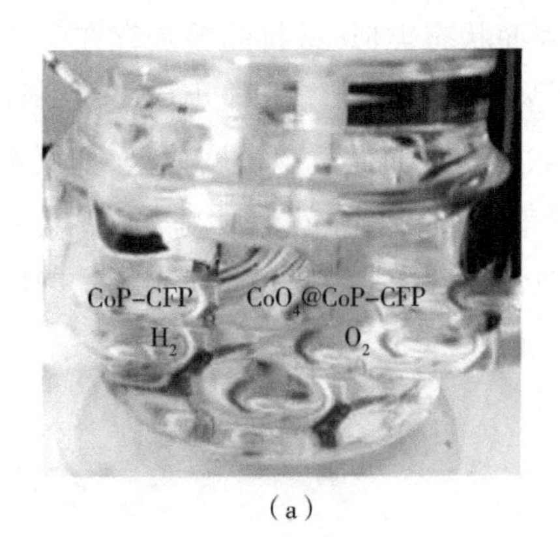

(a)

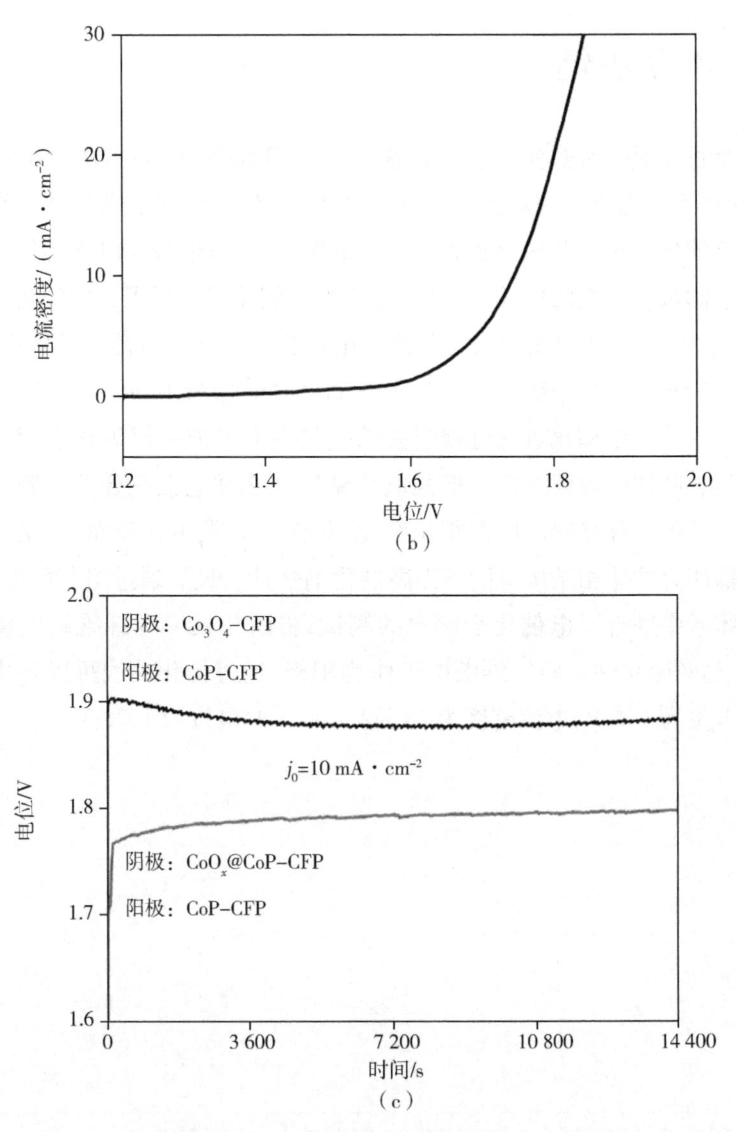

图4－11　(a)电解池照片；(b)以磷化钴－碳纤维纸电极为阴极，以氧化钴@磷化钴－碳纤维纸电极为阳极的极化曲线；(c)以磷化钴－碳纤维纸电极为阴极，以氧化钴@磷化钴－碳纤维纸电极为阳极的恒电流曲线

4.4 本章小结

本章首先通过水热法制备钴前驱体－碳纤维纸，随后由次磷酸钠提供磷源，在300 ℃下煅烧得到磷化钴－碳纤维纸，并分别研究了磷化钴－碳纤维纸电极的电催化分解水制氧及制氢活性。结果表明，该电极同时具有优异的电催化分解水制氢及制氧活性，随后对其优异的制氧性能进行了详细的讨论。氧化钴@磷化钴－碳纤维纸电极具有最高的电催化分解水制氧性能及稳定性，其起峰电位为1.49 V，电流密度在10 mA · cm^{-2}时电位为1.54 V，塔菲尔斜率为60 mV · dec^{-1}。电催化氧化过程会使磷化钴表面形成一层氧化层，与单质钴、氧化钴具有同样的表面结构。但是氧化钴@磷化钴电催化分解水制氧活性却明显高于其他两种材料。因此得出结论：虽然催化发生在表面，但是具有良好电子传输能力的体相结构有助于提高催化剂活性。最后通过组装两电极体系，在碱性体系中进行了电催化全解水的测试，将磷化钴－碳纤维纸电极作为阴极，氧化钴@磷化钴－碳纤维纸电极作为阳极，通过极化曲线可以看出全解水的起峰电位为1.6 V，电流密度为10 mA · cm^{-2}时电位为1.76 V。

第五章　剥离的镍铁水滑石与还原氧化石墨烯复合物的制备及电催化分解水制氧性能研究

5.1　引言

镍(Ni)作为第四周期过渡金属,核外有大量的 d 电子存在,使得镍及其化合物在碱性电解液中表现出优异的电催化分解水制氧的性能。人们在研究过程中发现,碱性电解液中将微量铁杂质掺入镍基催化剂中,可使得其在电催化水制氧过程中过电位明显降低。这一发现使得许多研究人员致力于开发系列镍铁共存的材料,从而得到性能优异的电催化分解水制氧催化剂。到目前为止,工业上广泛使用的电催化分解水的催化剂就是含有镍、铁及铬的合金材料。

水滑石——层状双金属氢氧化物(LDH)是一类阴离子型层状化合物,其主体层板主要由二价金属(Ni^{2+}、Mg^{2+}、Ca^{2+}、Mn^{2+}、Co^{2+}、Cu^{2+}、Zn^{2+})及三价金属(Al^{3+}、Co^{3+}、Fe^{3+}、Cr^{3+})阳离子组成,带正电荷,而层间则由可交换的 CO_3^{2-} 及 OH^- 等阴离子组成,这样就维持了水滑石电中性。由于其特殊的物理及化学特性(如层板阳离子比例可调变性及层状结构等),水滑石作为一种高效的催化剂被广泛研究。经过以上分析,镍铁水滑石是一种理想的电催化分解水制氧双金属催化剂。镍铁水滑石很早就被合成并研究过,但是到 2013 年,戴宏杰课题组才将镍铁水滑石与碳纳米管复合材料首次用作电催化分解水制氧的催化剂。随后,大量关于镍铁水滑石作为电催化分解水制氧催化剂的工作被报道,成为目前为止活性最好的电催化分解水制氧材料之一。

近年来,许多研究人员通过液相法剥离具有层状结构的材料,进而得到单层或多层的纳米薄片催化剂。这种催化剂具有特殊的二维结构,显著增大了电化学活性比表面积,从而使其催化能力相比于块状材料明显提升。而水滑石正是一类具有层状结构的材料,故而通过液相法剥离水滑石是提高其催化活性最简单直接的方法。然而,由于水滑石具有较差的电子传输能力,其电催化活性在一定程度上受到限制。近年来,为了进一步提高电催化性能,研究者们采用直接生长的办法将水滑石生长在导电性较好的碳纳米管或者石墨烯等石墨化碳载体上,制备了一系列水滑石 - 碳材料的复合物。

本章首先通过简单的共沉淀法制备了一系列不同镍铁比(投料比)的镍铁水滑石,并通过液相超声剥离的方法得到可以均匀分散在溶剂中的纳米镍铁水滑石薄片溶胶,随后对其进行了电催化分解水制氧的性能研究。研究表明,剥离后的镍铁水滑石具有更高的电催化活性。随后为了进一步提高其电催化活性,笔者通过静电组装的方法将表面带有正电荷的镍铁水滑石纳米溶胶和带有负电荷的还原氧化石墨进行复合,结果表明其电催化活性明显提高。同时,进一步研究表明,这种复合材料也具有很高的稳定性。

5.2 实验部分

5.2.1 镍铁水滑石/还原氧化石墨烯的制备

5.2.1.1 不同投料比镍铁水滑石的制备

配制 40 mL 浓度为 1.25 mol·L^{-1}的 Na_2CO_3及 1.5 mol·L^{-1}的 NaOH 混合溶液,水浴加热搅拌到 70 ℃,随后边恒温搅拌边缓慢滴加浓度为 0.6 mol·L^{-1}的 $Ni(NO_3)_2$和 $FeCl_3$的混合溶液 40 mL[调控镍铁投料比为 1:2、1:1、2:1、5:1、10:1 及 $Ni(OH)_2$];搅拌至完全混合后,持续恒温 70 ℃搅拌 24 h 后离心,并用蒸馏水洗涤至中性,室温下晾干,得到镍铁水滑石或氢氧化镍粉体(表 5-1)。

表 5-1　材料的投料比及命名

投料比	$Ni(NO_3)_2$/g	$FeCl_3$/g	Na_2CO_3/g	$NaOH_2$/g
Ni-Fe 1:2	2.33	4.32	5.3	2.4
Ni-Fe 1:1	3.49	3.24	5.3	2.4
Ni-Fe 2:1	4.64	2.16	5.3	2.4
Ni-Fe 5:1	5.81	1.08	5.3	2.4
Ni-Fe 10:1	6.28	0.65	5.3	2.4
$Ni(OH)_2$	6.98	0	5.3	2.4

5.2.1.2 镍铁水滑石的剥离

称取之前制备的镍铁水滑石 1 g,将其分散到 200 mL N-N-二甲基甲酰胺中,间歇超声 24 h,以 6000 $r \cdot min^{-1}$的转速离心,分离得到上清液,即为含有镍铁水滑石纳米薄片的溶胶。

5.2.1.3　氧化石墨烯的制备

氧化石墨烯的制备采用经典的 Hummer 法,通过化学氧化法对天然石墨鳞片进行剥离:首先,向烧杯中加入 2 g 天然石墨鳞片和 2 g 硝酸钠粉末,随后量取 50 mL 浓硫酸移至上述烧杯中,搅拌均匀。少量多次加入 6 g 高锰酸钾固体,室温下持续搅拌 24 h。在冷水浴中向烧杯中缓慢加入 90 mL 蒸馏水,保证烧杯散热,继续搅拌,冷却至室温后,滴加浓度为 30% 的 H_2O_2,直至产物呈现金黄色,最后再搅拌 10 min。另配制浓度为 1 ~ 2 $mol \cdot L^{-1}$转速下的盐酸溶液作为洗液,4000 $r \cdot min^{-1}$洗涤并离心分离 3 ~4 次,最后使用乙醇及水交替离心洗涤 1 次,室温下晾干,即得到固体氧化石墨。

5.2.1.4　剥离的镍铁水滑石与还原氧化石墨烯复合体的制备

取上述溶胶 50 mL,缓慢滴加到等体积浓度为 0.05 $g \cdot L^{-1}$的氧化石墨的 N – N – 二甲基甲酰胺溶胶中,搅拌 1 h 后离心分离,取沉淀重新分散于 50 mL 浓度为 0.1 $mol \cdot L^{-1}$的硼氢化钠水溶液中搅拌 1 h,得到镍铁水滑石 – 还原氧化石墨复合体,用乙醇及水交替洗涤 3 遍后,室温下晾干。

5.2.2　电化学测试

电化学测试通过电化学工作站及配对的旋转圆盘电极,采用典型的三电极体系完成。其中甘汞电极(填充饱和氯化钾溶液)作为参比电极,铂丝作为对电极,催化剂涂覆的旋转圆盘玻碳电极作为工作电极,电解液为 1 $mol \cdot L^{-1}$氢氧化钾。将 5 mg 催化剂加入到 1 mL 乙醇及 50 μL 5% 的萘酚混合溶液中,超声 0.5 h,配成浆料。取 5 μL 上述浆料均匀涂覆在工作电极表面。

5.3 结果分析与讨论

5.3.1 镍铁水滑石的物性表征

本章首先通过简单的共沉淀法制备了镍铁水滑石,同时调控了投料比,得到了镍铁含量比分别为1:2、1:1、2:1、5:1、10:1的水滑石及$Ni(OH)_2$材料。为了了解材料的组成结构,笔者首先对其进行XRD的表征,如图5-1所示。结果表明,不同镍铁比的材料都呈现出典型的镍铁水滑石晶相,而且峰较宽,说明所制备的材料粒径较小,结晶度不高。同时可以观察到,镍铁比为1:2及10:1的两种材料衍射峰较弱,可能是在镍铁水滑石晶相中,二价金属和三价金属比例相差悬殊,使得层板很难保持完整的水滑石晶体结构而造成结晶度降低。同时,为了对比,笔者还用同样的方法制备了$Ni(OH)_2$,并对其进行了XRD测试,通过XRD衍射峰可以看到其晶相组成为$Ni(OH)_2$。

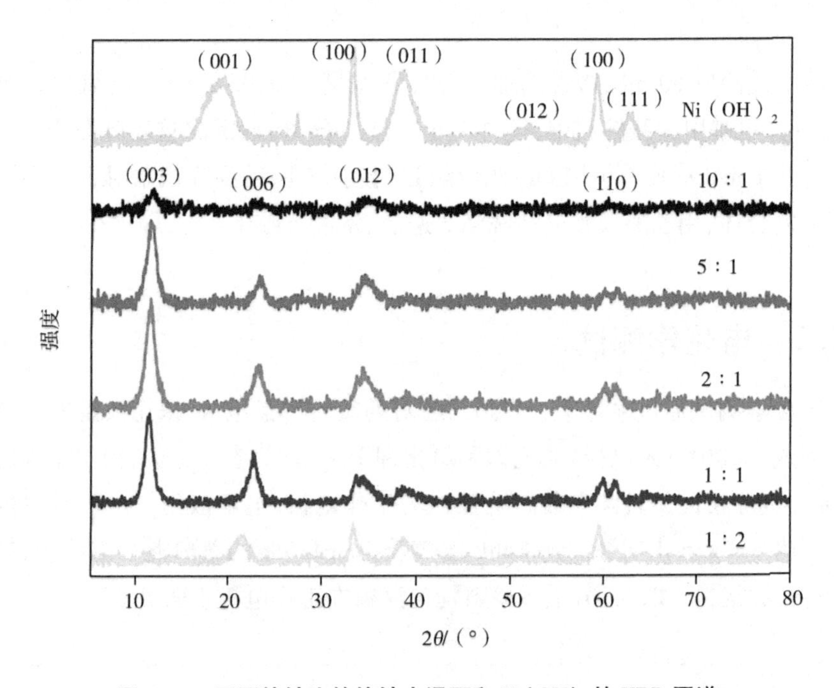

图5-1 不同镍铁比的镍铁水滑石和$Ni(OH)_2$的XRD图谱

随后，为了提高电催化分解水制氧性能，笔者对具有层状结构的水滑石材料进行了液相剥离。将共沉淀法制备的 $Ni(OH)_2$ 及水滑石样品分散到 DMF 中后，经过 24 h 间歇超声处理，再使用离心机离心分离，在 6 000 $r \cdot min^{-1}$ 转速下仍然不能将分散在 DMF 中的纳米颗粒完全分离出来，说明纳米颗粒在 DMF 中分散得很好，并且粒径很小。图 5－2(a) 为剥离的不同镍铁比的水滑石及 $Ni(OH)_2$ 的纳米溶胶的照片，图中可见不同的镍铁比制备的水滑石及 $Ni(OH)_2$ 经过液相超声剥离后呈现澄清透明的溶胶状态，$Ni(OH)_2$ 呈现蓝绿色，而镍铁水滑石均为黄色，随着铁含量的增多，溶胶颜色逐渐加深。图 5－2(b) 为相应的纳米溶胶在激光照射下的照片。当激光透过时，从入射光的垂直方向可以观察到溶胶里出现的一条光亮的“通路”，此现象即为丁达尔效应。这一现象表明此系列澄清透明液体为包含纳米颗粒的溶胶。

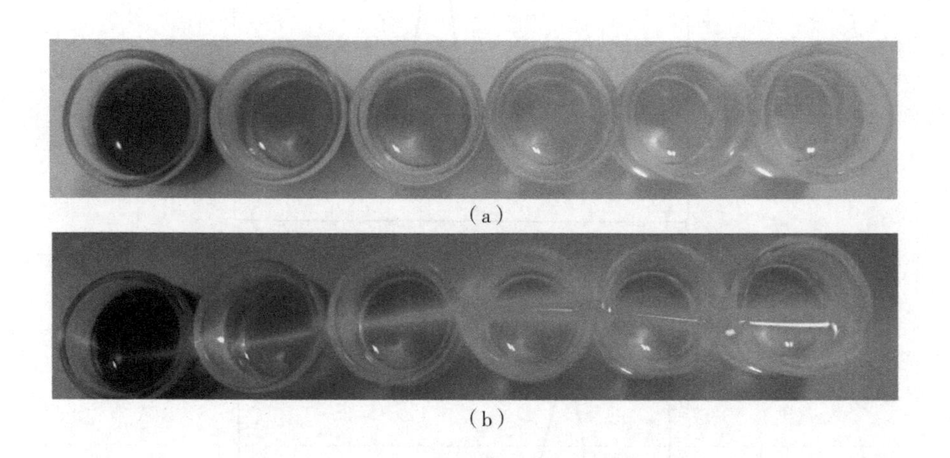

(a)

(b)

图 5－2 剥离的镍铁水滑石溶胶的表征

(a) 溶胶的照片，从左至右为 Ni－Fe 1:2 LDH、Ni－Fe 1:1 LDH、Ni－Fe 2:1 LDH、Ni－Fe 5:1 LDH、Ni－Fe 10:1 **和** $Ni(OH)_2$；**(b) 激光照射后的丁达尔效应**

对溶胶的分散体系直接进行 Zeta 电位的测试，可以了解溶胶中纳米颗粒的表面所带电荷情况及粒径分布情况。于是，笔者对镍铁比为 10:1 的水滑石溶胶进行了 Zeta 电位的表征，如图 5－3(a) 所示。Zeta 电位的测试结果表明，剥离后的镍铁水滑石表面带正电，且粒径分布相对均一，粒径大小在 100 nm 左右，如图 5－3(b) 所示。表面大量的正电是由于被剥离后，镍铁水滑石层板结构中阴离子缺失而阳离子大量暴露。正是这种特殊的物性带来了两个巨大优势:第一,阳离子(过渡金属镍、铁)作为电催化分解水制氧的活性中心,其大量暴露在电催化性能提高方面有着极为重要、积极的作用;第二,剥离后的镍铁水滑石带正电,而 Hummer 法制备的氧化石墨烯表面带有大量的负电荷,为其后续与氧化石墨烯的复合提供了方便。理论上来说,只需要简单的静电组装即可以实现两种材料的复合。剥离的镍铁水滑石的形貌可以通过 TEM 进一步表征,如图 5 - 3(c)所示。从 TEM 照片中可以看出,镍铁水滑石由十几纳米到几十纳米大小不均一的纳米薄片组成,相应溶胶的照片如插图所示。

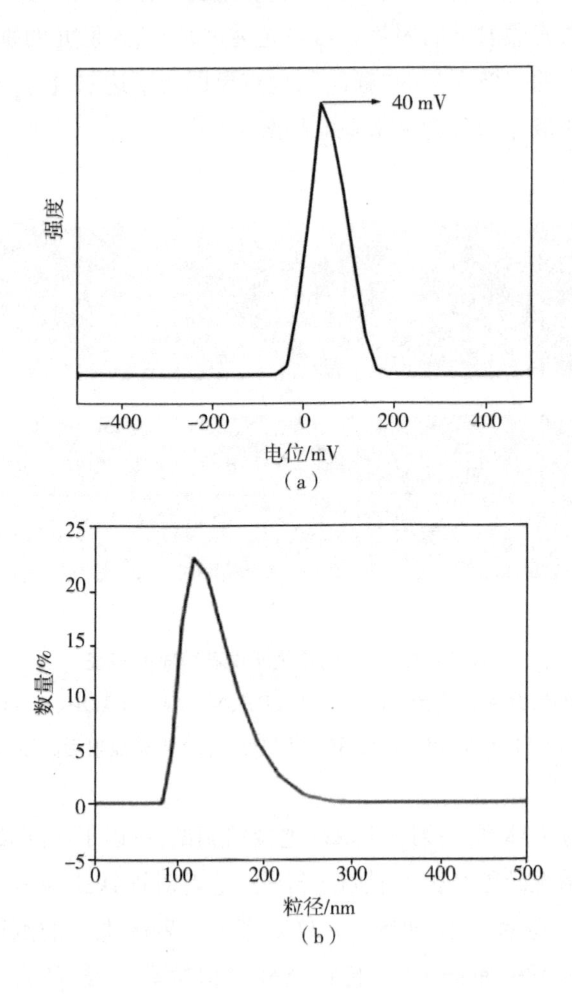

(c)

图 5-3　(a)镍铁比为 10:1 的水滑石溶胶的 Zeta 电位图;(b)粒径分布曲线;(c)镍铁比为 10:1 的水滑石溶胶的 TEM 照片,插图为相应溶胶的照片

5.3.2　镍铁水滑石/还原氧化石墨烯催化剂的物性表征

根据设计将氧化石墨烯与剥离后的水滑石通过静电组装的方法复合,以得到更好的电子传输性能。以硼氢化钠为还原剂在室温下即可还原氧化石墨烯,再用还原后得到的还原氧化石墨烯与水滑石的复合体制备了复合材料,如图 5-4 所示。

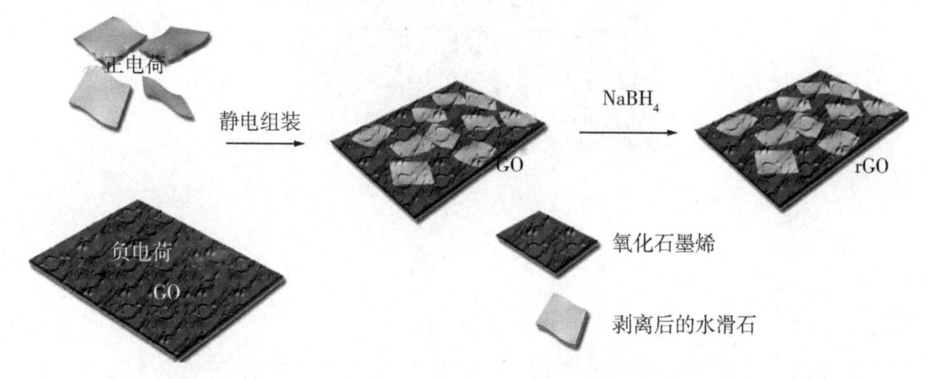

图 5-4　镍铁水滑石/还原氧化石墨烯复合体的合成示意图

图 5-5(a)、(b)为还原氧化石墨烯与镍铁水滑石复合之后的 TEM 照片。

可以看到镍铁水滑石薄片均匀覆盖在还原氧化石墨烯表面、经过进一步HRTEM的表征可以观察到镍铁水滑石的(012)晶面,其晶格条纹间距为 0.25 nm,如图5 -5(c)所示;同时也可以观察到镍铁水滑石的(003)晶面,其晶格条纹间距为0.75 nm,如图 5 -5(d)所示。

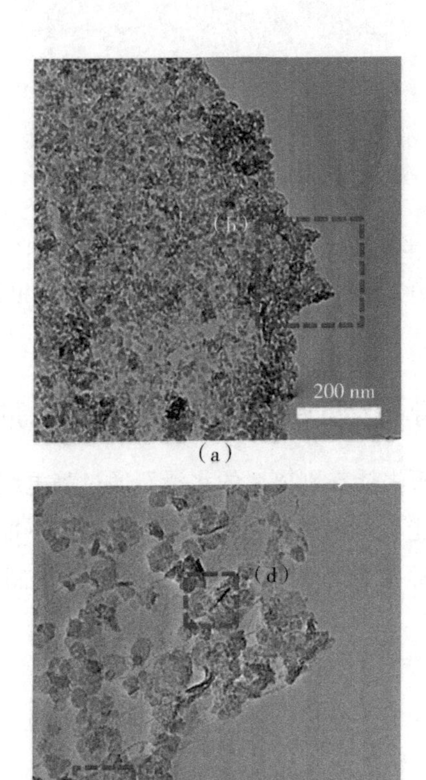

(a)

(b)

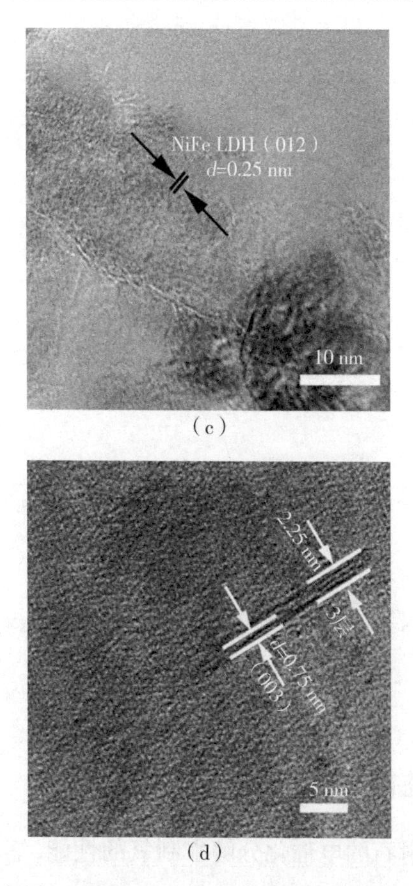

图 5－5　剥离后的 10∶1 镍铁水滑石与还原氧化石墨烯复合体的(a)、(b)TEM 及(c)、(d)HRTEM 照片

为了进一步说明还原氧化石墨烯与镍铁水滑石的构成比例,笔者对最后的样品分别在氮气及空气的气氛中进行了热重分析,如图 5－6 所示。在 500 ℃之前,两条曲线均可观察到明显的热失重,失重大部分是由水滑石的热分解造成的。而 500～1000 ℃之间,氮气气氛基本上观察不到样品的进一步热失重,热失重稳定在 66.55%,而空气气氛中在 700～800 ℃之间则观察到明显的热失重,这部分失重主要来源于还原氧化石墨烯的热分解,其热失重最后稳定在 63.85%。经过热重分析可以得到,还原氧化石墨烯在样品中所占质量比仅为 2.7%。

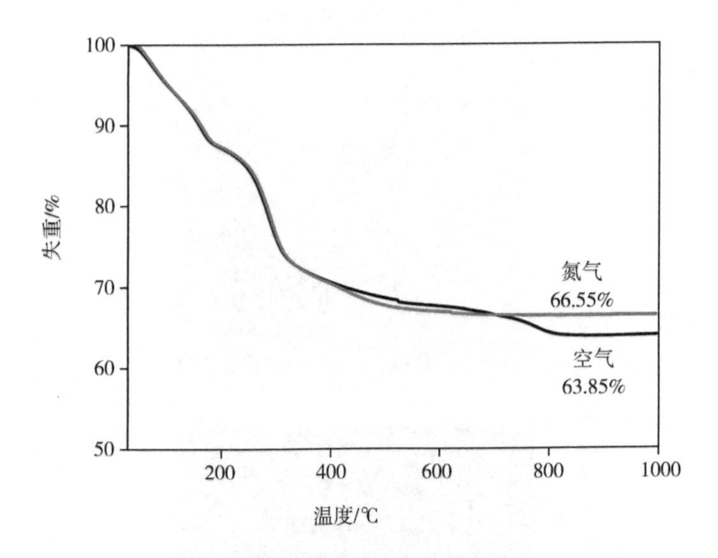

图 5-6 镍铁水滑石/还原氧化石墨烯复合体在氮气及空气气氛中的热重分析

5.3.3 电化学性能测试

为了了解镍铁水滑石的电催化分解水制氧的性能,笔者将催化剂涂覆在旋转圆盘电极上。在正式测试前,在相应的电位区间进行多圈循环伏安测试,直到前后两次循环伏安曲线完全重合,得到一个稳定的电极表面。为了除去工作电极表面在催化反应过程中生成的气泡,在整个电催化分解水制氧的性能研究过程中保持 1600 $r \cdot min^{-1}$ 的转速。其中极化曲线的测试应在低扫速($5\ mV \cdot s^{-1}$)下进行。对比剥离前后的镍铁水滑石的极化曲线发现,经过简单的剥离处理,镍铁水滑石起峰电位由为 1.50 V 降低到 1.47 V,同时在电流密度为 10 $mA \cdot cm^{-2}$时电位也由 1.60 V 降低至 1.53 V,说明通过简单的剥离处理可大幅度提高催化剂电催化分解水制氧的性能,如图 5-7(a)所示。同时,剥离后镍铁水滑石在 1.49 V 可以观察到明显的氧化还原峰,说明简单的剥离可以大幅增加金属活性中心。而后,笔者对剥离后不同镍铁比的水滑石及 $Ni(OH)_2$的电催化性能进行研究,如图5-7(b)所示。观察发现,铁含量较少(镍铁比为 10∶1)时,镍铁水滑石具有最高的催化活性,同时明显优于

$Ni(OH)_2$。

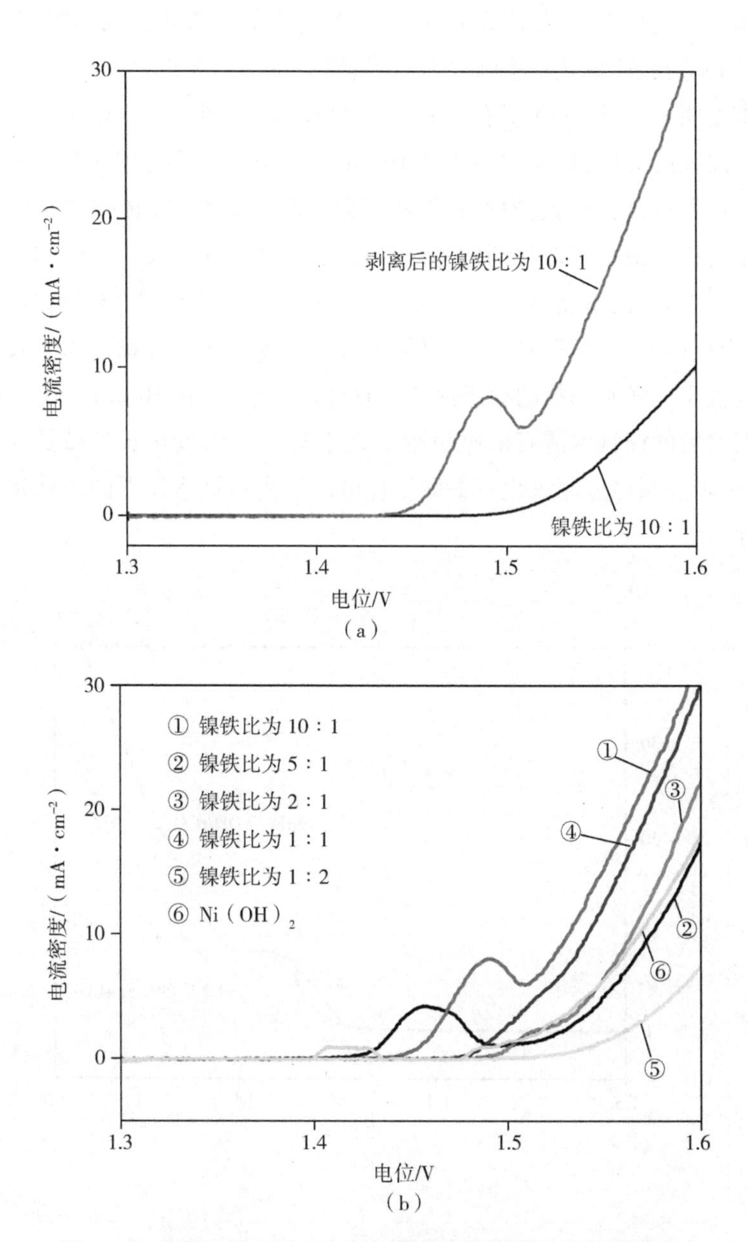

图5－7　镍铁水滑石及 $Ni(OH)_2$ 的电催化分解水制氧性能测试

(a)镍铁比为10∶1水滑石剥离前后的极化曲线对比；

(b)剥离后的 $Ni(OH)_2$ 及不同镍铁比水滑石的极化曲线

笔者对复合后的样品进行了电催化分解水制氧的性能测试,并与单纯的剥离后的水滑石进行对比,如图 5-8 所示。首先进行了极化曲线的测试,通过测试可以看到,与还原氧化石墨烯复合后,起峰电位虽然相近,但是在相同电位下的电流密度明显升高,表示其催化性能明显提高,如图 5-8(a)所示。而后通过塔菲尔曲线的对比,塔菲尔斜率从 108 $mV \cdot dec^{-1}$降低到 85 $mV \cdot dec^{-1}$,如图 5-8(b)所示,说明与还原氧化石墨烯复合后,催化剂在催化过程中有更快的动力学过程。最后对催化剂的稳定性进行了测试,在 1 $mol \cdot L^{-1}$ KOH 电解液中,在恒定的电流密度(10 $mA \cdot cm^{-2}$)下进行 10 h 的测试。从测试结果可以看出,不论是镍铁水滑石还是与还原氧化石墨烯复合之后的镍铁水滑石都具有很好的电催化分解水制氧的稳定性。同时可以观察到,在 10 $mA \cdot cm^{-2}$电流密度下剥离之后的镍铁水滑石的电位明显高于其与还原氧化石墨烯复合之后的电位,进一步说明与还原氧化石墨烯复合可以提高镍铁水滑石的电催化分解水制氧活性。

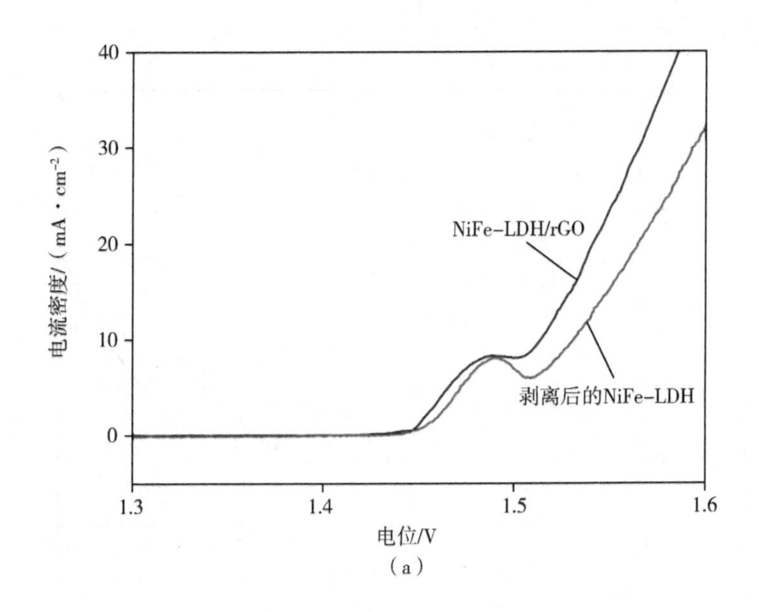

(a)

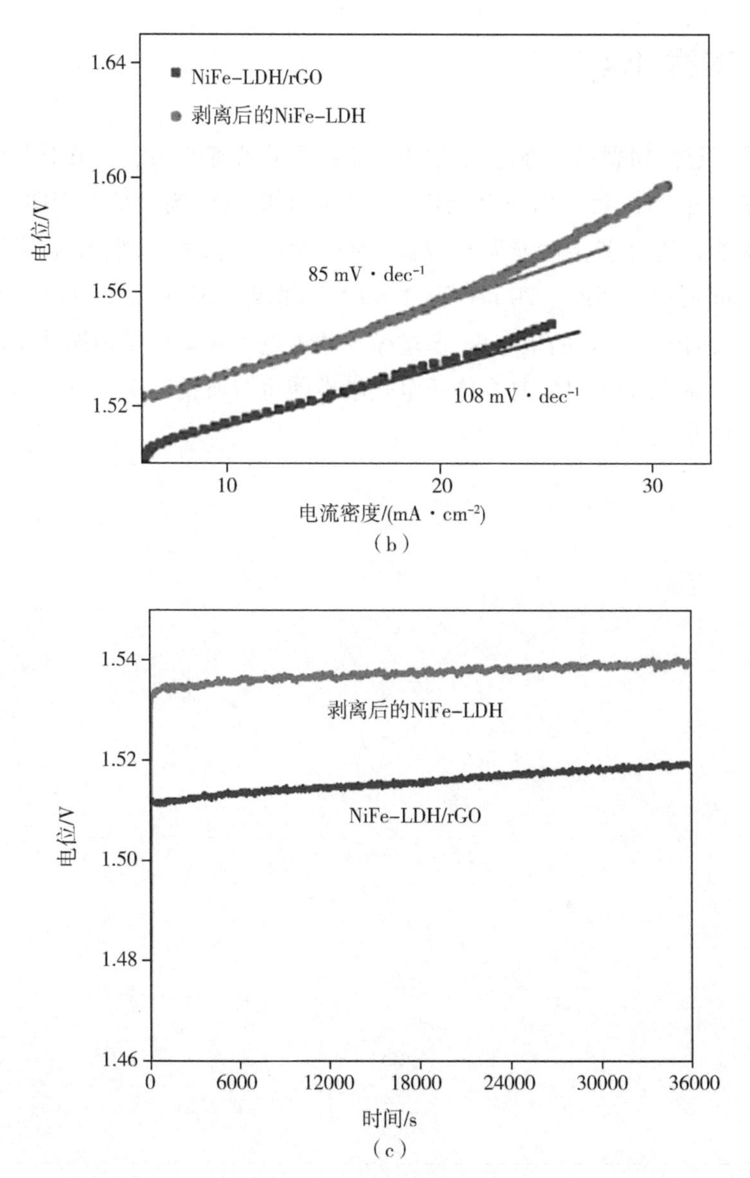

图 5-8 剥离的镍铁水滑石及与还原氧化石墨烯复合体的(a)极化曲线;(b)塔菲尔曲线;(c)电流密度为 10 mA · cm^2 的恒电流测试

5.4 本章小结

本章通过液相剥离及静电组装的方式制备了剥离的镍铁水滑石与还原氧化石墨烯的复合体,将其用作电催化分解水制氧的催化剂。结果表明,剥离后的镍铁水滑石的电催化性能明显提高,通过简单的剥离处理,在电流密度为 10 mA · cm^2时电位降低了 70 mV(从 1.60 V 降低至 1.53 V)。由于剥离后的镍铁水滑石表面带有大量的正电荷,通过简单的静电组装即可得到镍铁水滑石与还原氧化石墨烯的复合体,复合体的电化学性能也有所提高 10 mA · cm^2时,电位仅为1.51 V。

结　论

笔者采用了一种简单、便利的可制备大尺寸自支持电极的方法，所制备的电极可以用在电催化分解水中。首先，采用热分解金属有机配合物的方法，通过低温溶剂热获得了油酸保护的均匀小尺寸四氧化三钴纳米晶，该纳米晶可以均匀分散在甲苯溶液中，形成溶胶。随后这种含有大量催化活性物质的纳米晶溶胶被当作一种纳米晶墨水，通过喷涂的方式负载到碳纤维纸集流体上，晾干后得到了碳纤维纸电极，随后用氢氧化钾浸渍法温和地去除表面的油酸。最终得到的小尺寸裸露的四氧化三钴纳米晶均匀负载的碳纤维纸电极具有电催化分解水制氧和电催化分解水制氢的双功能，同时组装成的全解水电解池有较高的催化活性和稳定性。四氧化三钴纳米晶－碳纤维纸电极的高活性主要受以下三方面影响：(1)小尺寸催化剂缩短了电子传输距离；(2)裸露的四氧化三钴纳米晶暴露大量活性位点；(3)四氧化三钴纳米晶与碳纤维纸集流体之间不存在胶黏剂，具有更紧密的接触。

相比于小尺寸纳米晶，二维纳米薄片具有较大的电化学活性比表面积，同时具有很强的电子传输能力。随后，笔者通过界面导向法制备了四氧化三钴纳米薄片，其因为二维结构及低晶化度而具有较大的电化学活性比表面积，从而表现出很强的电催化分解水制氧催化能力。在研究过程中发现这种纳米薄片虽然具有很高的催化活性，但其塔菲尔斜率为 69 $mV \cdot dec^{-1}$，根据Butler－Volmer 方程换算出电子转移数接近于2，说明反应过程更接近于两电子过程，为反应的中间体。随后笔者通过强制对流技术进行中间体检测，结果发现过氧化氢这一重要的中间体没有检出信号。为了解释这一现象，笔者通过电化学方法设计了不同电位在体系中加入过氧化氢的实验，发现 Co^{III}/Co^{IV} 对过氧化氢具有很强的分解能力。最后得出结论，四氧化三钴纳米薄片通过两个两电子过程($2OH^{ads} \rightarrow 2O^{ads} \rightarrow OOH^{ads} \rightarrow O_2^{ads}$)完成制氧反应，第一个两电子过程生成 OOH^{ads}，第二个两电子过程将生成的 OOH^{ads} 快速分解成 O_2。这一结果很好地解释了为什么这一催化材料同时具有很高的电催化活性和较大的塔菲尔斜率。

接下来笔者通过水热法制备了钴前驱体－碳纤维纸，随后由次磷酸钠提供磷源，在 300 ℃下煅烧得到磷化钴－碳纤维纸，并分别研究了磷化钴－碳纤维纸电极的电催化分解水制氧及制氢活性。结果表明，该电极同时具有优异的电催化分解水制氢及制氧活性。随后对其优异的制氧性能进行了详细的讨论，氧化钴@磷化钴－碳纤维纸具有最高的电催化分解水制氧活性及稳定性，其起峰电位为 1.49 V,电流密度为 10 mA · cm^{-2}时电位为 1.54 V,塔菲尔斜率为 60 mV · dec^{-1}。电氧化过程会使磷化钴表面形成一层氧化层,与单质钴、氧化钴具有同样的表面结构。但是氧化钴@磷化钴电催化分解水制氧活性却明显高于其他两种材料。通过组装两电极体系,在碱性体系中进行了电催化全解水的测试,通过极化曲线可以看出,全解水的起峰电位为 1.6 V,电流密度为 10 mA · cm^{-2}时电位为 1.76 V。

最后笔者通过液相剥离及静电组装的方式制备了剥离的镍铁水滑石与还原氧化石墨烯的复合体,将其用作电催化分解水制氧的催化剂。结果表明,剥离后的镍铁水滑石的电催化性能明显提高,通过简单的剥离处理,在电流密度为 10 mA · cm^{-2}时,电位降低了 70 mV(从 1.60 V 降低至 1.53 V)。由于剥离后的镍铁水滑石表面带有大量的正电荷,通过简单的静电组装即可得到镍铁水滑石与还原氧化石墨烯的复合体,复合体的电化学性能也有所提高,在电流密度为 10 mA · cm^{-2}时,电位仅为 1.51 V。

参考文献

[1]LEWIS N S, NOCERA D G. Powering the planet: Chemical challenges in solar energy utilization[J]. Proceedings of the National Academy of Sciences, 2006, 103(43):15729 - 15735.

[2]BRUCE P G, FREUNBERGER S A, HARDWICK L J, et al. Li - O_2 and Li - S batteries with high energy storage[J]. Nature Materials, 2012, 11(1): 19 - 29.

[3]BENSON E E, KUBIAK C P, SATHRUM A J, et al. Electrocatalytic and homogeneous approaches to conversion of CO_2 to liquid fuels[J]. Chemical Society Reviews, 2009, 38(1):89 - 99.

[4]TURNER J A. A realizable renewable energy future[J]. Science, 1999, 285(5428):687 - 689.

[5]BOCKRIS J O M. Hydrogen no longer a high cost solution to global warming: New ideas[J]. International Journal of Hydrogen Energy, 2008, 33(9): 2129 - 2131.

[6]CHU S, MAJUMDAR A. Opportunities and challenges for a sustainable energy future[J]. Nature, 2012, 488(7411):294 - 303.

[7]JIAO Y, ZHENG Y, JARONIEC M, et al. Design of electrocatalysts for oxygen - and hydrogen - involving energy conversion reactions[J]. Chemical Society Reviews, 2015, 44(8):2060 - 2086.

[8]ZHENG Y, JIAO Y, ZHU Y H, et al. Hydrogen evolution by a metal - free electrocatalyst[J]. Nature Communications, 2014, 5(1):3783.

[9]JARAMILLO T F, JØRGENSEN K P, BONDE J, et al. Identification of active edge sites for electrochemical H_2 evolution from MoS_2 nanocatalysts [J]. Science 2007, 317(5834):100 - 102.

[10]GREELEY J, NØRSKOV J K, KIBLER L A, et al. Hydrogen evolution over bimetallic systems: understanding the trends[J]. ChemPhysChem, 2006, 7(5):1032 - 1035.

[11]ZHENG Y, JIAO Y, JARONIEC M, et al. Advancing the electrochemistry of the hydrogen - evolution reaction through combining experiment and theory [J]. Angewandte Chemie International Edition, 2015, 54(1):52 - 65.

[12]ZHANG Y, SHIMODA K, MIYAOKA H, et al. Thermal decomposition of alkaline – earth metal hydride and ammonia borane composites[J]. International journal of hydrogen energy, 2010, 35(22):12405 – 12409.

[13]WANG T Y, GAO D L, ZHUO J Q, et al. Size – dependent enhancement of electrocatalytic oxygen – reduction and hydrogen – evolution performance of MoS_2 particles [J]. Chemistry A European Journal, 2013, 19(36): 11939 – 11948.

[14]ZHANG L, WU H B, YAN Y, et al. Hierarchical MoS_2 microboxes constructed by nanosheets with enhanced electrochemical properties for lithium storage and water splitting[J]. Energy Environ Sci, 2014, 7(10):3302 – 3306.

[15]LAU V W, MASTERS A , BOND A , et al. Promoting the formation of active sites with ionic liquids: a case study of MoS_2 as hydrogen evolution reaction electrocatalyst[J]. ChemCatChem, 2011, 3(11):1739 – 1742.

[16]LAU V W, MASTERS A F, BOND A M, et al. Ionic – liquid – mediated active – site control of MoS_2 for the electrocatalytic hydrogen evolution reaction [J]. Chemistry A European Journal, 2012, 18(26):8230 – 8239.

[17]WANG D Z, PAN Z, WU Z Z, et al. Hydrothermal synthesis of MoS_2 nanoflowers as highly efficient hydrogen evolution reaction catalysts[J]. Journal of Power Sources, 2014, 264:229 – 234.

[18]BENCK J D, HELLSTERN T R, KIBSGAARD J, et al. Catalyzing the Hydrogen Evolution Reaction (HER) with molybdenum sulfide nanomaterials[J]. ACS Catalysis, 2014, 4(11):3957 – 3971.

[19]LUKOWSKI M A, DANIEL A S, MENG F, et al. Enhanced hydrogen evolution catalysis from chemically exfoliated metallic MoS_2 nanosheets[J]. Journal of the American Chemical Society, 2013, 135(28):10274 – 10277.

[20]VOIRY D, SALEHI M, SILVA R, et al. Conducting MoS_2 nanosheets as catalysts for hydrogen evolution reaction[J]. Nano Letters, 2013, 13(12):6222 – 6227.

[21]DURAISAMY S, GANGULY A, SHARMA P K, et al. One – step hydrothermal synthesis of phase – engineered MoS_2/MoO_3 electrocatalysts for hydrogen

evol ution reaction [J]. ACS Applied Nano Materials, 2021, 4(3): 2642 - 2656.

[22] AMBROSI A, SOFER Z, PUMERA M. Lithium intercalation compound dramatically influences the electrochemical properties of exfoliated MoS_2 [J]. Small, 2015, 11(5):605 - 612.

[23] CHIA X Y, AMBROSI A, SOFER Z, et al. Anti - MoS_2 nanostructures: Tl_2S and its electrochemical and electronic properties[J]. ACS Nano, 2016, 10(1):112 - 123.

[24] WU Z Z, FANG B Z, WANG Z P, et al. MoS_2 nanosheets: a designed structure with high active site density for the hydrogen evolution reaction[J]. ACS Catalysis, 2013, 3(9):2101 - 2107.

[25] TAN Y W, LIU P, CHEN L Y, et al. Monolayer MoS_2 films supported by 3D nanoporous metals for high - efficiency electrocatalytic hydrogen production [J]. Advanced Materials, 2014, 26(47):8023 - 8028.

[26] LU Z Y, ZHANG H C, ZHU W, et al. In situ fabrication of porous MoS_2 thin - films as high - performance catalysts for electrochemical hydrogen evolution[J]. Chemical Communications, 2013, 49(68):7516 - 7518.

[27] YANG Y, FEI H L, RUAN G D, et al. Edge - oriented MoS_2 nanoporous films as flexible electrodes for hydrogen evolution reactions and supercapacitor devices[J]. Advanced Materials, 2014, 26(48):8163 - 8168.

[28] BONDE J, MOSES P G, JARAMILLO T F, et al. Hydrogen evolution on nano - particulate transition metal sulfides[J]. Faraday Discussions, 2009, 140(1):219 - 231.

[29] ZHANG K, KIM H J, LEE J T, et al. Unconventional pore and defect generation in molybdenum disulfide: application in high - rate lithium - ion batteries and the hydrogen evolution reaction[J]. ChemSusChem, 2014, 7(9):2489 - 2495.

[30] LÜ X J, SHE G W, ZHOU S X, et al. Highly efficient electrocatalytic hydrogen production by nickel promoted molybdenum sulfide microspheres catalysts [J]. RSC Advances, 2013, 3(44):21231 - 21236.

[31] AMBROSI A, PUMERA M. Templated electrochemical fabrication of hollow molybdenum sulfide microstructures and nanostructures with catalytic propertiesfor hydrogen production[J]. ACS Catalysis, 2016, 6(6):3985 - 3993.

[32] VRUBEL H, HU X L. Growth and activation of an amorphous molybdenum sulfide hydrogen evolving catalyst[J]. ACS Catalysis, 2013, 3(9):2002 - 2011.

[33] NIKAM R D, LU A Y, SONAWANE P A, et al. Three - dimensional heterostructures of MoS_2 nanosheets on conducting MoO_2 as an efficient electrocatalyst to enhance hydrogen evolution reaction[J]. ACS Applied Materials and Interfaces, 2015, 7(41):23328 - 23335.

[34] AMBROSI A, PUMERA M. Templated electrochemical fabrication of hollow molybdenum sulfide microstructures and nanostructures with catalytic properties for hydrogen production[J]. ACS Catalysis, 2016, 6(6):3985 - 3993.

[35] SUN X, DAI J, GUO Y Q, et al. Semimetallic molybdenum disulfide ultrathin nanosheets as an efficient electrocatalyst for hydrogen evolution [J]. Nanoscale, 2014, 6(14):8359 - 8367.

[36] XIE J F, ZHANG J J, LI S, et al. Controllable disorder engineering in oxygen - incorporated MoS_2 ultrathin nanosheets for efficient hydrogen evolution [J]. Journal of the American Chemical Society, 2013, 135(47):17881 - 17888.

[37] MERKI D, FIERRO S, VRUBEL H. Amorphous molybdenum sulfide films as catalysts for electrochemical hydrogen production in water[J]. Chemical Science, 2011, 2(7): 1262 - 1267.

[38] SALEEM S, SALMAN M, ALI S, et al. Electrocatalytic hydrogen evolution reaction on sulfur - deficient MoS_2 nanostructures[J]. International Journal of Hydrogen Energy, 2022, 47(12):7713 - 7723.

[39] HELLSTERN T R, KIBSGAARD J, TSAI C, et al. Investigating catalyst - support interactions to improve the hydrogen evolution reaction activity of thiomolybdate $[Mo_3S_{13}]^{2-}$ nanoclusters[J]. ACS Catalysis, 2017, 7(10):7126 - 7130.

[40] BEHRANGINIA A, ASADI M, LIU C, et al. Highly efficient hydrogen evolution reaction using crystalline layered three - dimensional molybdenum disul-

fides grown on graphene film[J]. Chemistry of Materials, 2016, 28(2): 549-555.

[41]BOSE R, BALASINGAM S K, SHIN S, et al. Importance of hydrophilic pretreatment in the hydrothermal growth of amorphous molybdenum sulfide for hydrogen evolution catalysis[J]. Langmuir, 2015, 31(18):5220-5227.

[42]MORALES-GUIO C G, HU X L. Amorphous molybdenum sulfides as hydrogen evolution catalysts[J]. Accounts of Chemical Research, 2014, 47(8): 2671-2681.

[43]MERKI D, VRUBEL H, ROVELLI L, et al. Fe, Co, and Ni ions promote the catalytic activity of amorphous molybdenum sulfide films for hydrogen evolution [J]. Chemical Science, 2012, 3(8):2515-2525.

[44]VOIRY D, YAMAGUCHI H, LI J W, et al. Enhanced catalytic activity in strained chemically exfoliated WS_2 nanosheets for hydrogen evolution[J]. Nature Materials, 2013, 12(9):850-855.

[45]YANG J, VOIRY D, AHN S J, et al. Two-dimensional hybrid nanosheets of tungsten disulfide and reduced graphene oxide as catalysts for enhancedhydrogen evolution [J]. Angewandte Chemie International Edition, 2013, 52(51): 13751-13754.

[46]CHENG L, HUANG W J, GONG Q F, et al. Ultrathin WS_2 nanoflakes as a high-performance electrocatalyst for the hydrogen evolution reaction[J]. Angewandte Chemie International Edition, 2014, 53(30):7860-7863.

[47]CHOI C L, FENG J, LI Y G, et al. WS_2 nanoflakes from nanotubes for electrocatalysis[J]. Nano Research, 2013, 6(12):921-928.

[48]WU Z Z, FANG B Z, BONAKDARPOUR A, et al. WS_2 nanosheets as a highly efficient electrocatalyst for hydrogen evolution reaction[J]. Applied Catalysis B: Environmental, 2012, 125:59-66.

[49]PU Z H, LIU Q, ASIRI A M, et al. One-step electrodeposition fabrication of graphene film-confined WS_2 nanoparticles with enhanced electrochemical catalytic activity for hydrogen evolution[J]. Electrochimica Acta, 2014, 134: 8-12.

[50]TRAN P D, CHIAM S Y, BOIX P P, et al. Novel cobalt/nickel – tungsten – sulfide catalysts for electrocatalytic hydrogen generation from water[J]. Energy and Environmental Science, 2013, 6(8):2452 – 2459.

[51]MCPHERSON I J, VINCENT K A. Electrocatalysis by hydrogenases: lessons for building bio – inspired device[J]. Journal of the Brazilian Chemical Society, 2014, 25(3):427 – 441.

[52]ECKENHOFF W T, MCNAMARA W R, DU P w, et al. Cobalt complexes asartificial hydrogenases for the reductive side of water splitting[J]. Biochimica et Biophysica Acta (BBA) – Bioenergetics, 2013, 1827 (8 – 9):958 – 973.

[53]KAUR – GHUMAAN S, STEIN M. [NIFE] Hydrogenases: How close do structural and functional mimics approach the active site? [J]. Dalton transactions, 2014, 43(25):9392 – 9405.

[54]GIOVANNI C D, WANG W A, NOWAK S, et al. Bioinspired iron sulfide nanoparticles for cheap and long – lived electrocatalytic molecular hydrogen evolutionin neutral water[J]. ACS Catalysis, 2014, 4(2):681 – 687.

[55]KUDO A, MISEKI Y. Heterogeneous photocatalyst materials for water splitting [J]. Chemical Society Reviews, 2009,38(1):253 – 278.

[56]SEO B, JOO S H. Recent advances in unveiling active sites in molybdenum sulfide – based electrocatalysts for the hydrogen evolution reaction[J]. Nano Convergence, 2017, 4(1):19.

[57]CHEN L X, CHEN Z W, WANG Y, et al. Design of dual – modified MoS_2 with nanoporous Ni and graphene as efficient catalysts for the hydrogen evolution reaction[J]. ACS Catalysis, 2018, 8(9):8107 – 8114.

[58]LU Y C, XU Z C, GASTEIGER H A, et al. Platinum – gold nanoparticles: A highly active bifunctional electrocatalyst for rechargeable lithium – air batteries [J]. Journal of the American Chemical Society, 2010, 132 (35): 12170 – 12171.

[59]TROTOCHAUD L, MILLS T J, BOETTCHER S W. An optocatalytic model for semiconductor – catalyst water – splitting photoelectrodes based on in situ opti-

cal measurements on operational catalysts[J]. The Journal of Physical Chemistry Letters, 2013, 4(6):931 -935.

[60]CHENG F Y, CHEN J. Metal - air batteries: from oxygen reduction electrochemistry to cathode catalysts[J]. Chemical Society Reviews, 2012, 41(6): 2172 -2192.

[61]LIANG Y Y, LI Y G, WANG H L, et al. Strongly coupled inorganic/nanocarbon hybrid materials for advanced electrocatalysis[J]. Journal of the American Chemical Society, 2013, 135(6):2013 -2036.

[62]KOPER M T M. Thermodynamic theory of multi - electron transfer reactions: implications for electrocatalysis[J]. Journal of Electroanalytical Chemistry, 2011, 660(2):254 -260.

[63]TRAN P D, NGUYEN M, PRAMANA S S, et al. Copper molybdenum sulfide: a new efficient electrocatalyst for hydrogen production from water[J]. Energy and Environmental Science, 2012, 5(10):8912 -8916.

[64]LIN F D, BOETTCHER S W. Adaptive semiconductor/electrocatalyst junctions in water splitting - photoanodes[J]. Nature Materials, 2014, 13(1):81 -86.

[65]LIAO P L, KEITH J A, CARTER E A. Water oxidation on pure and doped hematite(0001) surfaces: prediction of Co and Ni as effective dopants for electrocatalysis[J]. Journal of the American Chemical Society, 2012, 134(32): 13296 -13309.

[66]HU Z F, SHEN Z R, YU J C. Covalent fixation of surface oxygen atoms on hematite photoanode for enhanced water oxidation[J]. Chemistry of Materials, 2016, 28(2):564 -572.

[67]MARCUS R A. On the theory of electrochemical and chemical electron transfer processes[J]. Canadian Journal of Chemistry, 1959, 37(1):155 -163.

[68]KOPER M T M. Volcano activity relationships for proton - coupled electron transfer reactions in electrocatalysis[J]. Topics in Catalysis, 2015, 58: 1153 -1158.

[69]COSTENTIN C. Electrochemical approach to the mechanistic study of proton - coupled electron transfer[J]. Chemical Reviews, 2008, 108(7):

2145 – 2179.

[70] ISSE A A, FALCIOLA L, MUSSINI P R, et al. Relevance of electron transfer mechanism in electrocatalysis: the reduction of organic halides at silver electrodes[J]. Chemical communications, 2006 (3), :344 – 346.

[71] FOURMOND V, WIEDNER E S, SHAW W J, et al. Understanding and design of bidirectional and reversible catalysts of multielectron, multistep reactions [J]. Journal of the American Chemical Society, 2019, 141 (28):11269 – 11285.

[72] LI H, LI Y D, KOPER M T M, et al. Bond – making and breaking between carbon, nitrogen, and oxygen in electrocatalysis[J]. Journal of the American Chemical Society, 2014, 136(44):15694 – 15701.

[73] PEGIS M L, WISE C F, KORONKIEWICZ B, et al. Identifying and breaking scaling relations in molecular catalysis of electrochemical reactions[J]. Journal of the American Chemical Society, 2017, 139(32):11000 – 11003.

[74] EVANS D H, LEHMANN M W, BURGHART A, et al. Two – electron reactions in organic and organometallic electrochemistry[J]. Acta Chemica Scandinavica, 1999, 53:765 – 774.

[75] SEH Z W, KIBSGAARD J, DICKENS C F, et al. Combining theory and experiment in electrocatalysis[J]. Science, 2017, 355(6321):146 – 146.

[76] IANDOLO B, HELLMAN A. The role of surface states in the oxygen evolution reaction on hematite [J]. Angewandte Chemie, 2014, 126 (49):13622 – 13626.

[77] XU H D, YANG J, GE R Y, et al. Carbon – based bifunctional electrocatalysts for oxygen reduction and oxygen evolution reactions: Optimization strategies and mechanistic analysis [J]. Journal of Energy Chemistry, 2022, 71:234 – 265

[78] SU H Y, GORLIN Y, MAN I C, et al. Identifying active surface phases for metal oxide electrocatalysts: a study of manganese oxide bi – functional catalysts for oxygen reduction and water oxidation catalysis[J]. Physical Chemistry Chemical Physics, 2012, 14(40):14010 – 14022.

[79]SIEGMUND D, METZ S, PEINECKE V, et al. Crossing the valley of death: from fundamental to applied research in electrolysis[J]. Jacs Au, 2021, 1(5):527-535.

[80]STRASSER P. Free electrons to molecular bonds and back: closing the energetic oxygen reduction (ORR) - oxygen evolution (OER) cycle using core - shell nanoelectrocatalysts [J]. Accounts of Chemical Research, 2016, 49(11):2658-2668.

[81]DAMJANOVIC A, DEY A, BOCKRIS J O M. Electrode kinetics of oxygen evolution and dissolution on Rh, Ir, and Pt - Rh alloy electrodes[J]. Journal of The Electrochemical Society, 1966, 113(7):739-746.

[82]RAND D A J, WOODS R. The nature of adsorbed oxygen on rhodium, palladium and gold electrodes[J]. Journal of Electroanalytical Chemistry and Interfacial Electrochemistry, 1971, 31(1):29-38.

[83]EXNER K S. Design criteria for oxygen evolution electrocatalysts from first principles: introduction of a unifying material - screening approach[J]. ACS Applied Energy Materials, 2019, 2(11):7991-8001.

[84]REIER T, OEZASLAN M, STRASSER P. Electrocatalytic oxygen evolution reaction (OER) on Ru, Ir, and Pt catalysts: a comparative study of nanoparticles and bulk materials[J]. ACS Catalysis, 2012, 2(8):1765-1772.

[85]FRYDENDAL R, PAOLI E A, KNUDSEN B P, et. al. Benchmarking the stability of oxygen evolution reaction catalysts: the importance of monitoring mass losses[J]. ChemElectroChem, 2014, 1(12):2075-2081.

[86]MELCHIONNA M, FORNASIERO P, PRATO M. The rise of hydrogen peroxide as the main product by metal - free catalysis in oxygen reductions[J]. Advanced Materials, 2019, 31(13):1802920.

[87]LEE Y M, SUNTIVICH J, MAY K J, et al. Synthesis and activities of rutile IrO_2 and RuO_2 nanoparticles for oxygen evolution in acid and alkaline solutions [J]. The Journal of Physical Chemistry Letters, 2012, 3(3):399-404.

[88]ROSSMEISL J, QU Z W, ZHU H, et al. Electrolysis of water on oxide surfaces[J]. Journal of Electroanalytical Chemistry, 2007, 607(1-2):83-89.

[89]DANILOVIC N, SUBBARAMAN R, CHANG K C, et al. Activity - stability trends for the oxygen evolution reaction on monometallic oxides in acidic environments[J]. The Journal of Physical Chemistry Letters, 2014, 5(14): 2474 - 2478.

[90]KÖTZ R, STUCKI S, SCHERSON D, et al. In - situ identification of RuO_4 as the corrosion product during oxygen evolution on ruthenium in acid media[J]. Journal of electroanalytical chemistry and interfacial electrochemistry, 1984, 172(1 - 2):211 - 219.

[91]MAMACA N, MAYOUSSE E, ARRII - CLACENS S, et al. Electrochemical activity of ruthenium and iridium based catalysts for oxygen evolution reaction [J]. Applied Catalysis B:Environmental, 2012, 111:376 - 380.

[92]KÖTZ R, STUCKI S. Stabilization of RuO_2 by IrO_2 for anodic oxygen evolution in acid media[J]. Electrochimica Acta, 1986, 31(10):1311 - 1316.

[93]YEO R S, OREHOTSKY J, VISSCHER W, et al. Ruthenium - based mixed oxides as electrocatalysts for oxygen evolution in acid electrolytes[J]. Journal of The Electrochemical Society, 1981, 128(9):1900 - 1904.

[94]HUTCHINGS R, MÜLLER K, KÖTZ R, et al. A structural investigation of stabilized oxygen evolution catalysts[J]. Journal of Materials Science, 1984, 19(12):3987 - 3994.

[95]KATSOUNAROS I, SCHNEIDER W B, MEIER J C, et al. Hydrogen peroxide electrochemistry on platinum: towards understanding the oxygen reduction reactionmechanism[J]. Physical Chemistry Chemical Physics, 2012, 14(20): 7384 - 7391.

[96]DENG X H, TÜYSUZ H. Cobalt - oxide - based materials as water oxidationcatalyst: recent progress and challenges[J]. ACS Catalysis, 2014, 4(10): 3701 - 3714.

[97]MCCRORY C C L, JUNG S, PETERS J C, et al. Benchmarking hetero-geneous electrocatalysts for the oxygen evolution reaction[J]. Journal of the American Chemical Society, 2013, 135(45):16977 - 16987.

[98]JIAO F, FREI H. Nanostructured cobalt and manganese oxide clusters as effi-

cient water oxidation catalysts[J]. Energy and Environmental Science, 2010, 3(8):1018-1027.

[99]ZOU X X, ZHANG Y. Noble metal - free hydrogen evolution catalysts for water splitting[J]. Chemical Society Reviews, 2015, 44(15):5148-5180.

[100]KIM S, KORATKAR N, KARABACAK T, et al. Water electrolysis activated by Ru nanorod array electrodes[J]. Applied Physics Letters, 2006, 88(26): 263106.

[101]LEROY R L, BOWEN C T, LEROY D J. The thermodynamics of aqueouswater electrolysis[J]. Journal of The Electrochemical Society, 1980, 127(9): 1954-1962.

[102]BAJDICH M, GARCÍA - MOTA M, VOJVODIC A, et al. Theoretical investigation of the activity of cobalt oxides for the electrochemical oxidation of water [J]. Journal of the American Chemical Society, 2013, 135 (36): 13521-13530.

[103]RAMÍREZ A, HILLEBRAND P, STELLMACH D, et al. Evaluation of MnO_x, Mn_2O_3, and Mn_3O_4 electrodeposited films for the oxygen evolution reaction of water[J]. The Journal of Physical Chemistry C, 2014, 118(26): 14073-14081.

[104]JASEM S M, TSEUNG A C C. A potentiostatic pulse study of oxygen evolution on teflon - bonded nickel - cobalt oxide electrodes[J]. Journal of the Electrochemical Society, 1979, 126(8):1353-1360.

[105]BOCKRIS J O M, OTAGAWA T. The electrocatalysis of oxygen evolution on perovskites[J]. Journal of The Electrochemical Society, 1984, 131 (2): 290-302.

[106]MA R Z, LIANG J B, LIU X H, et al. General insights into structural evolution of layered double hydroxide: underlying aspects in topochemical transformation from brucite to layered double hydroxide[J]. Journal of the American Chemical Society, 2012, 134(48):19915-19921.

[107]GAO Z, WANG J, LI Z S, et al. Graphene nanosheet/Ni^{2+}/Al^{3+} layered double - hydroxide composite as a novel electrode for a supercapacitor[J].

Chemistry of Materials, 2011, 23(15):3509 -3516.

[108]GARCIA A C, KOPER M T M. Effect of saturating the electrolyte with oxygen on the activity for the oxygen evolution reaction[J]. ACS Catalysis, 2018,8(10):9359 -9363.

[109]SUNTIVICH J, MAY K J, GASTEIGER H A, et al. A perovskite oxide optimized for oxygen evolution catalysis from molecular orbital principles[J]. Science, 2011, 334(6061):1383 -1385.

[110]COOK T R, DOGUTAN D K, REECE S Y, et al. Solar energy supply andstorage for the legacy and nonlegacy worlds[J]. Chemical Reviews, 2010, 110(11):6474 -6502.

[111]WALTER M G, WARREN E L, MCKONE J R, et al. Solar water splittin gcells[J]. Chemical Reviews, 2010, 110(11):6446 -6473.

[112]BARBER J. Photosynthetic energy conversion: natural and artificial[J]. Chemical Society Reviews, 2009, 38(1):185 -196.

[113]CONCEPCION J J, JURSS J W, BRENNAMAN M K, et al. Making oxygen with ruthenium complexes[J]. Accounts of Chemical Research, 2009, 42(12):1954 -1965.

[114]CHEN S, DUAN J J, JARONIEC M, et al. Nitrogen and oxygen dual - doped carbon hydrogel film as a substrate - free electrode for highly efficient oxygen evolution reaction[J]. Advanced Materials, 2014, 26(18):2925 -2930.

[115]ZHAO Y, NAKAMURA R, KAMIYA K, et al. Nitrogen - doped carbon nanomaterials as non - metal electrocatalysts for water oxidation[J]. Nature Communications, 2013, 4:2390.

[116]TIAN G L, ZHAO M Q, YU D S, et al. Nitrogen - doped graphene/carbon-nanotube hybrids: in situ formation on bifunctional catalysts and their superior electrocatalytic activity for oxygen evolution/reduction reaction[J]. Small, 2014, 10(11):2251 -2259.

[117]TIAN J Q, LIU Q, ASIRI A M, et al. Ultrathin graphitic C_3N_4 nanosheets/graphene composites: efficient organic electrocatalyst for oxygen evolution re-

action[J]. ChemSusChem, 2014, 7(8):2125 -2130.

[118]SHAO M H, LIU P, ADZIC R R. Superoxide anion is the intermediate in the oxygen reduction reaction on platinum electrodes[J]. Journal of the American Chemical Society, 2006, 128(23):7408 -7409.

[119]JACOB T, GODDARD W A. Water formation on Pt and Pt - based alloys: a theoretical description of a catalytic reaction[J]. ChemPhysChem, 2006, 7(5):992 -1005.

[120]DIAZ - MORALES O, CALLE - VALLEJO F, MUNCK C D, et al. Electrochemical water splitting by gold: evidence for an oxide decomposition mechanism[J]. Chemical Science, 2013, 4(6):2334 -2343.

[121]WANG H L, DAI H J. Strongly coupled inorganic - nano - carbon hybrid materials for energy storage[J]. Chemical Society Reviews, 2013, 42(7):3088 -3113.

[122]NAJAFPOUR M M, EHRENBERG T, WIECHEN M, et al. Calcium manganese(Ⅲ) oxides($CaMn_2O_4 \cdot xH_2O$) as biomimetic oxygen - evolving catalysts [J]. Angewandte Chemie International Edition, 2010, 49(12):2233 -2237.

[123]BOPPANA V B R, JIAO F. Nanostructured MnO_2: An efficient and robust water oxidation catalyst[J]. Chemical Communications, 2011, 47(31):8973 -8975.

[124]HOU Y D, ABRAMS B L, VESBORG P C K, et al. Bioinspired molecular co - catalysts bonded to a silicon photocathode for solar hydrogen evolution [J]. Nature Materials, 2011, 10(6):434 -438.

[125]ROBINSON D M, GO Y B, GREENBLATT M, et al. Water oxidation by λ - MnO_2: catalysis by the cubical Mn_4O_4 subcluster obtained by delithiationof spinel $LiMn_2O_4$[J]. Journal of the American Chemical Society, 2010, 132(33):11467 -11469.

[126]MCALPIN J G, STICH T A, OHLIN C A, et al. Electronic structure description of a [Co(Ⅲ)$_3$Co(Ⅳ)O_4] cluster: a model for the paramagnetic intermediate in cobalt - catalyzed water oxidation[J]. Journal of the American

Chemical Society, 2011, 133(39):15444 - 15452.

[127]TOWNSEND T K, SABIO E M, BROWING N D, et al. Photocatalytic water oxidation with suspended alpha - Fe_2O_3 particles - effects of nanoscaling[J]. Energy and Environmental Science, 2011, 4(10):4270 - 4275.

[128]GAO M R, XU Y F, JIANG J, et al. Water oxidation electrocatalyzed by an efficient $Mn_3O_4/CoSe_2$ nanocomposite[J]. Journal of the American Chemical Society, 2012, 134(6):2930 - 2933.

[129]GOFF A L, ARTERO V, JOUSSELME B, et al. From hydrogenases to noble metal - free catalytic nanomaterials for H_2 production and uptake[J]. Science, 2009, 326:1384 - 1387.

[130]MERKI D, HU X L. Recent developments of molybdenum and tungsten sulfides as hydrogen evolution catalysts[J]. Energy and Environmental Science, 2011,4(10):3878 - 3888.

[131]COBO S, HEIDKAMP J, JACQUES P A. A Janus cobalt - based catalytic material for electro - splitting of water[J]. Nature Materials, 2012, 11(9): 802 - 807.

[132]GANGA G L, PUNTORIERO F, CAMPAGNA S, et al. Light - driven wateroxidation with a molecular tetra - cobalt(Ⅲ) cubane cluster[J]. Faraday Discussions, 2012, 155:177 - 190.

[133]HE Z L, QUE W X. Molybdenum disulfide nanomaterials: Structures, properties, synthesis and recent progress on hydrogen evolution reaction[J]. Applied Materials Today, 2016, 3:23 - 56.

[134]CHANG Y H, NIKAM R D, LIN C T, et al. Enhanced electrocatalytic activity of MoS_x on TCNQ - treated electrode for hydrogen evolution reaction[J]. ACS Applied Materials and Interfaces, 2014, 6(20):17679 - 17685.

[135]GORLIN Y, JARAMILLO T F. A bifunctional nonprecious metal catalyst for oxygen reduction and water oxidation[J]. Journal of the American Chemical Society, 2010, 132(39):13612 - 13614.

[136]MAN I C, SU H Y, CALLE - VALLEJO F, et al. Universality in oxygen evolution electrocatalysis on oxide surfaces[J]. ChemCatChem, 2011, 3(7):

1159 - 1165.

[137]CHANG S H, LU M D, TUNG Y L,et al. Gram - scale synthesis of catalytic Co_9S_8 nanocrystal ink as a cathode material for spray - deposited, large - area dye - sensitized solar cells[J]. ACS Nano, 2013, 7(10):9443 - 9451.

[138]TAI Y L, YANG Z G. Fabrication of paper - based conductive patterns for flexible electronics by direct - writing[J]. Journal of Materials Chemistry, 2011, 21(16):5938 - 5943.

[139]ZHUANG Z B, PENG Q, LI Y D. Controlled synthesis of semiconductor nanostructures in the liquid phase[J]. Chemical Society Reviews, 2011, 40 (1): 5492 - 5513.

[140]YANG J, SARGENT E, KELLEY S, et al. A general phase - transfer protocol for metal ions and its application in nanocrystal synthesis[J]. Nature Materials, 2009, 8(8):683 - 689.

[141]FENG S S, REN Z Y, WEI Y L, et al. Synthesis and application of hollow magnetic graphitic carbon microspheres with/without TiO_2 nanoparticle layer on the surface[J]. Chemical Communications, 2010, 46(34):6276 - 6278.

[142]BOGGIO R, CARUGATI A, TRASATTI S. Electrochemical surface properties of Co_3O_4 electrodes[J]. Journal of Applied Electrochemistry, 1987, 17 (4):828 - 840.

[143]MAO S, WEN Z H, HUANG T Z, et al. High - performance bi - functional electrocatalysts of 3D crumpled graphene - cobalt oxide nanohybrids for oxygen reduction and evolution reactions[J]. Energy and Environmental Science, 2014, 7(2):609 - 616.

[144]LIU X J, CHANG Z, LUO L, et al. Hierarchical $Zn_xCo_{3-x}O_4$ nanoarrays with high activity for electrocatalytic oxygen evolution[J]. Chemistry of Materials, 2014, 26(5):1889 - 1895.

[145]PENG S J, LI L L, HAN X P, et al. Cobalt sulfide nanosheet/graphene/carbon nanotube nanocomposites as flecible electrodes for hydrogen evolution [J]. Angewandte Chemie, 2014, 53(46):12594 - 12599.

[146]DAU H, LIMBERG C, REIER T, et al. The mechanism of water oxidation:

from electrolysis via homogeneous to biological catalysis[J]. ChemCatChem, 2010, 2(7):724 -761.

[147]HUANG X, TAN C L, YIN Z Y, et al. 25th anniversary article: hybrid nanostructures based on two - dimensional nanomaterials[J]. Advanced Materials,2014, 26(14):2185 -2204.

[148]DUAN X D, WANG C, PAN A L, et al. Two - dimensional transition metal-dichalcogenides as atomically thin semiconductors: opportunities and challenges[J]. Chemical Society Reviews, 2015, 44(24):8859 -8876.

[149]REDHAMMER G J, BADAMI P, MEVEN M, et al. Wet - environment - induced structural alterations in single - and polycrystalline LLZTO solid electrolytes studied by diffraction techniques[J]. ACS Applied Materials and Interfaces, 2021, 13(1):350 -359.

[150]YOW Z F, OH Y L, GU W Y, et al. Effect of Li^+/H^+ exchange in water treated Ta - doped $Li_7La_3Zr_2O_{12}$[J]. Solid State Ionics, 2016, 292: 122 -129.

[151] MA C, RANGASAMY E, LIANG C D, et al. Excellent stability of a lithium - ion - conducting solid electrolyte upon reversible Li^+/H^+ exchange in aqueous solutions[J]. Angewandte Chemie International Edition, 2015, 54(1):129 -133.

[152]YAGI M, KANEKO M. Molecular catalysts for water oxidation[J]. Chemical Reviews, 2001, 101(1):21 -36.

[153]KATSOUNAROS I, CHEREVKO S, ZERADJANIN A R, et al. Oxygen electrochemistry as a cornerstone for sustainable energy conversion[J]. Angewandte Chemie International Edition, 2014, 53(1):102 -121.

[154]WEN Z H, CI S Q, H Y, et al. Facile one - pot, one - step synthesis of a carbon nanoarchitecture for an advanced multifunctonal electrocatalyst[J]. Angewandte Chemie, 2014, 53(25):6496 -6500.

[155]LIU J, LIU Y, LIU N Y, et al. Metal - free efficient photocatalyst for stable visible water splitting via a two - electron pathway[J]. Science, 2015, 347(6225):970 -974.

[156] KÖTZ R, STUCKI S. Oxygen evolution and corrosion on ruthenium – iridium alloys [J]. Journal of the Electrochemical Society, 1985, 132 (1): 103 – 107.

[157] SUEN N T, HUNG S F, QUAN Q, et al. Electrocatalysis for the oxygen evolution reaction: recent development and future perspectives [J]. Chemical Society Reviews, 2017, 46(2):337 – 365.

[158] LETTENMEIER P, WANG L, GOLLA – SCHINDLER U, et al. Nanosized IrO_x – Ir catalyst with relevant activity for anodes of proton exchange membrane electrolysis produced by a cost – effective procedure [J]. Angewandte Chemie International Edition, 2016, 55(2):742 – 746.

[159] MA T Y, DAI S, JARONIEC M, et al. Graphitic carbon nitride nanosheet – carbon nanotube three – dimensional porous composites as high – performance oxygen evolution electrocatalysts [J]. Angewandte Chemie, 2014, 53(28): 7281 – 7285.

[160] WANG J H, CUI W, LIU Q, et al. Recent progress in cobalt – based heterogeneous catalysts for electrochemical water splitting [J]. Advanced Materials, 2016, 28(2):215 – 230.

[161] KOZA J A, HE Z, MILLER A S, et al. Electrodeposition of crystalline Co_3O_4—A catalyst for the oxygen evolution reaction [J]. Chemistry of Materials, 2012, 24(18):3567 – 3573.

[162] GARCÍA – MOTA M, BAJDICH M, VISWANATHAN V, et al. Importance of correlation in determining electrocatalytic oxygen evolution activity on cobalt oxides [J]. The Journal of Physical Chemistry C, 2012, 116 (39): 21077 – 21082.

[163] WANG H Y, HUNG S F, CHEN H Y, et al. In operando identification of geometrical – site – dependent water oxidation activity of spinel Co_3O_4 [J]. Journal of the American Chemical Society, 2016, 138(1):36 – 39.

[164] DU S C, REN Z Y, WU J, et al. Co_3O_4 nanocrystal ink printed on carbon fiber paper as a large – area electrode for electrochemical water splitting [J]. Chemical Communications, 2015, 51(38):8066 – 8069.

[165] MATTIOLI G, GIANNOZZI P, BONAPASTA A A, et al. Reaction pathways for oxygen evolution promoted by cobalt catalyst[J]. Journal of the American Chemical Society, 2013, 135(41):15353 – 15363.

[166] BARKAOUI S, HADDAOUI M, DHAOUADI H, et al. Hydrothermal synthesis of urchin – like Co_3O_4 nanostructures and their electrochemical sensing performance of H_2O_2[J]. Journal of Solid State Chemistry, 2015, 228:226 – 231.

[167] WU J , REN Z Y, DU S C, et al. A highly active oxygen evolution electrocatalyst: ultrathin CoNi double hydroxide/CoO nanosheets synthesized viainterface – directed assembly [J]. Nano Research, 2016, 9 (3): 713 – 725.

[168] CASALONGUE H G S, NG M L, KAYA S, et al. In situ observation of surface species on iridium oxide nanoparticles during the oxygen evolution reaction[J]. Angewandte Chemie International Edition, 2014, 53 (28): 7169 – 7172.

[169] DU S C, REN Z Y, QU Y, et al. Free – standing ultrathin cobalt nanosheets synthesized by means of in situ reduction and interface – directed assembly and their magnetic properties[J]. ChemPlusChem, 2013, 78(6):481 – 485.

[170] TANG C W, WANG C B, CHIEN S H. Characterization of cobalt oxides studied by FT – IR, Raman, TPR and TG – MS[J]. Thermochimica Acta, 2008, 473(1 – 2):68 – 73.

[171] YANG Y, FEI H L, RUAN G D, et al. Efficient electrocatalytic oxygen evolution on amorphous nickel – cobalt binary oxide nanoporous layers[J]. ACS Nano, 2014, 8(9):9518 – 9523.

[172] ZHANG C J, BERLINGUETTE C P, TRUDEL S. Water oxidation catalysis: an amorphous quaternary Ba – Sr – Co – Fe oxide as a promising electrocatalyst for the oxygen – evolution reaction[J]. Chemical Communications, 2016, 52(7):1513 – 1516.

[173] SMITH R D L, PRÈVOT M S, FAGAN R D, et al. Water oxidation catalysis: electrocatalytic response to metal stoichiometry in amorphous metal oxide

films containing iron, cobalt, and nickel[J]. Journal of the American Chemical Society, 2013, 135(31):11580 - 11586.

[174] CHENG F Y, SHEN J, PENG B, et al. Rapid room - temperature synthesis of nanocrystalline spinels as oxygen reduction and evolution electrocatalysts [J]. Nature Chemistry, 2011, 3(1):79 - 84.

[175] MASA J, XIA W, SINEV I, et al. Mn_xO_y/NC and Co_xO_y/NC nanoparticles embedded in a nitrogen - doped carbon matrix for high - performance bifunctional oxygen electrodes[J]. Angewandte Chemie International Edition, 2014, 53(32):8508 - 8512.

[176] WANG J, SHAH D, CHEN X Y. A micro - sterile inflammation array as an adjuvant for influenza vaccines[J]. Nature Communications, 2014, 5(1):4447.

[177] TRASATTI S, PETRI O A. Real surface area measurements in electrochemistry[J]. Pure and Applied Chemistry, 1991, 63(5):711 - 734.

[178] LIANG H F, MENG F, CABÀN - ACEVEDO M, et al. Hydrothermal continuous flow synthesis and exfoliation of NiCo layered double hydroxide nanosheets for enhanced oxygen evolution catalysis[J]. Nano Letters, 2015, 15(2):1421 - 1427.

[179] CHEN S, DUAN J J, JARONIEC M, et al. Three - dimensional N - doped graphene hydrogel/NiCo double hydroxide electrocatalysts for highly efficient oxygen evolution[J]. Angewandte Chemie International Edition, 2013, 52(51):13567 - 13570.

[180] ZHANG Y, CUI B, ZHAO C S, et al. Co - Ni layered double hydroxides for water oxidation in neutral electrolyte[J]. Physical Chemistry Chemical Physics, 2013, 15(19):7363 - 7369.

[181] JIANG J, ZHANG A L, LI L L, et al. Nickel - cobalt layered double hydroxide nanosheets as high - performance electrocatalyst for oxygen evolution reaction[J]. Journal of Power Sources, 2015, 278(15):445 - 451.

[182] ZOU X X, GOSWAMI A, ASEFA T. Efficient noble metal - free(electro)catalysis of water and alcohol oxidations by zinc - cobalt layered double hydro-

xide [J]. Journal of the American Chemical Society, 2013, 135 (46): 17242 - 17245.

[183] SONG F, HU X L. Ultrathin cobalt - manganese layered double hydroxide is an efficient oxygen evolution catalyst[J]. Journal of the American Chemical Society, 2014, 136(47):16481 - 16484.

[184] YANG Q, LI T, LU Z Y, et al. Hierarchical construction of an ultrathin layered double hydroxide nanoarray for highly - efficient oxygen evolution reaction[J]. Nanoscale, 2014, 6(20):11789 - 11794.

[185] ZHU C Z, WEN D, LEUBNER S, et al. Nickel cobalt oxide hollow nanosponges as advanced electrocatalysts for the oxygen evolution reaction[J]. Chemical Communications, 2015, 51(37):7851 - 7854.

[186] CHEN S, QIAO S Z. Hierarchically porous nitrogen - doped graphene - $NiCo_2O_4$ hybrid paper as an advanced electrocatalytic water - splitting material [J]. ACS Nano, 2013, 7(11):10190 - 10196.

[187] BAO J, ZHANG X D , FAN B, et al. Ultrathin spinel - structured nanosheets rich in oxygen deficiencies for enhanced electrocatalytic water oxidation [J]. Angewandte Chemie, 2015, 127(25):7507 - 7512.

[188] LIANG Y Y, LI Y G, WANG H L, et al. Co_3O_4 nanocrystals on graphene as a synergistic catalyst for oxygen reduction reaction[J]. Nature Materials, 2011, 10(10):780 - 786.

[189] LU X Y, ZHAO C. Highly efficient and robust oxygen evolution catalysts achieved by anchoring nanocrystalline cobalt oxides onto mildly oxidized multiwalled carbon nanotubes[J]. Journal of Materials Chemistry A, 2013, 1(39): 12053 - 12059.

[190] LI X Z, FANG Y Y, LIN X Q, et al. MOF derived Co_3O_4 nanoparticles embedded in N - doped mesoporous carbon layer/MWCNT hybrids: extraordinary bi - functional electrocatalysts for OER and ORR[J]. Journal of Materials Chemistry A, 2015, 3(33):17392 - 17402.

[191] SINGH S K, DHAVALE V M, KURUNGOT S. Low surface energy planeexposed Co_3O_4 nanocubes supported on nitrogen - doped graphene as an electro-

catalyst for efficient water oxidation[J]. ACS Applied Materials and Interfaces, 2015, 7(1):442 -451.

[192] ZOU X X, HUANG X X, GOSWAMI A, ET AL. cobalt - embedded nitrogen - rich carbon nanotubes efficiently catalyze hydrogen evolution reaction at allpH values[J]. Angewandte Chemie, 2014, 126(17):4461 - 4465.

[193] POPCZUN E J, READ C G, ROSKE C W, et al. Highly active electrocatalysis of the hydrogen evolution reaction by cobalt phosphide nanoparticles[J]. Angewandte Chemie International Edition, 2014, 126(21):5531 -5534.

[194] LIU Q, TIAN J Q, CUI W, et al. Carbon nanotubes decorated with CoP nanocrystals: a highly active non - noble - metal nanohybrid electrocatalyst for hydrogen evolution[J]. Angewandte Chemie International Edition, 2014, 53(26):6710 -6714.

[195] JIN H Y, WANG J, SU D F, et al. In situ cobalt - cobalt oxide/N - doped carbon hybrids as superior bifunctional electrocatalysts for hydrogen and oxygen evolution[J]. Journal of the American Chemical Society, 2015, 137(7):2688 -2694.

[196] TAHIRA A, IBUPOTO Z H, MAZZARO R, et al. Advanced electrocatalysts for hydrogen evolution reaction based on core - shell MoS_2/TiO_2 nanostructures in acidic and alkaline media[J]. ACS Applied Energy Materials, 2019, 2(3):2053 -2062.

[197] GERKEN J B , MCALPIN J G , CHEN J Y C, et al. Electrochemical water oxidation with cobalt - based electrocatalysts from pH 0 - 14: the thermodynamic basis for catalyst structure, stability, and activity[J]. Journal of the American Chemical Society, 2011, 133(36):14431 -14442.

[198] YEO B S, BELL A T. Enhanced activity of gold - supported cobalt oxide for the electrochemical evolution of oxygen[J]. Journal of the American Chemical Society, 2011, 133(14):5587 -5593.

[199] ZHUANG Z B , SHENG W C, YAN Y S. Synthesis of monodispere Au@ Co_3O_4core - shell nanocrystals and their enhanced catalytic activity for oxygen

evolution reaction[J]. Advanced Materials, 2014, 26(23):3950 - 3955.

[200] KONG D S, WANG H T, LU Z Y, et al. $CoSe_2$ nanoparticles grown on carbon fiber paper: an efficient and stable electrocatalyst for hydrogen evolution reaction[J]. Journal of the American Chemical Society, 2014, 136(13):4897 - 4900.

[201] MOHANTY B, MITRA A, JENA B, et al. MoS_2 quantum dots as efficient electrocatalyst for hydrogen evolution reaction over a wide pH range[J]. Energy & Fuels, 2020, 34(8):10268 - 10275.

[202] DINDA D, AHMED M E, MANDAL S, et al. Amorphous molybdenum sulfide quantum dots: an efficient hydrogen evolution electrocatalyst in neutral medium[J]. Journal of Materials Chemistry A, 2016, 4(40):15486 - 15493.

[203] BHAT K S, NAGARAJA H S. Performance evaluation of molybdenum dichalcogenide (MoX_2; X = S, Se, Te) nanostructures for hydrogen evolution reaction[J]. International Journal of Hydrogen Energy, 2019, 44(33): 17878 - 17886.

[204] EKSPONG J, SHARIFI T, SHCHUKAREV A, et al. Stabilizing active edge sites in semicrystalline molybdenum sulfide by anchorage on nitrogen - doped carbon nanotubes for hydrogen evolution reaction[J]. Advanced Functional Materials, 2016, 26(37):6766 - 6776.

[205] SHARMA U, KARAZHANOV S, JOSE R, et al. Plasmonic hot - electron assisted phase transformation in 2D - MoS_2 for the hydrogen evolution reaction: Current status and future prospects[J]. Journal of Materials Chemistry A, 2022, 10(16):8626 - 8655.

[206] BENSON J, LI M X, WANG S B, et al. Electrocatalytic hydrogen evolution reaction on edges of a few layer molybdenum disulfide nanodots[J]. ACS Applied Materials and Interfaces, 2015, 7(25):14113 - 14122.

[207] ZHAO Z L, WU H X, HE H L, et al. A high - performance binary Ni—Co hydroxide - based water oxidation electrode with three - dimensional coaxial nanotube array structure[J]. Advanced Functional Materials. 2014, 24(29):4698 - 4705.

[208] GNANASEKAR P, PERIYANAGOUNDER D, KULANDAIVEL J. Vertically aligned MoS_2 nanosheets on graphene for highly stable electrocatalytic hydrogen evolution reactions[J]. Nanoscale, 2019, 11(5):2439 - 2446.

[209] PENG Z, JIA D S, AL - ENIZI A M, et al. From water oxidation to reduction: homologous Ni—Co based nanowires as complementary water splitting electrocatalysts[J]. Advanced Energy Materials, 2015, 5(9):1402031.

[210] SCHWUTTKE G H. Study of copper precipitation behavior in silicon single crystals[J]. The Electrochemical Society, 1961, 108(2):163 - 167.

[211] GUNNAR T, GÖRAN A. The migration of iron in alkaline nickel - cadmium cells with pocket electrodes[J]. Recommended articles, 1967:337 - 347.

[212] CORRIGAN D A. The catalysis of the oxygen evolution reaction by iron impurities in thin film nickel oxide electrodes[J]. The Electrochemical Society, 1987, 134(2):377 - 384.

[213] NOOR T, YAQOOB L, IQBAL N. Recent advances in electrocatalysis of oxygen evolution reaction using noble - metal, transition - metal, and carbon - based materials[J]. ChemElectroChem, 2021, 8(3):447 - 483.

[214] HUANG Y P, MIAO Y E, FU J, et al. Perpendicularly oriented few - layer $MoSe_2$ on SnO_2 nanotubes for efficient hydrogen evolution reaction[J]. Journal of Materials Chemistry A, 2015, 3(31):16263 - 16271.

[215] WANG Q, O'HARE D. Recent advances in the synthesis and application of Layered Double Hydroxide(LDH) nanosheets[J]. Chemical Reviews, 2012, 112(7):4124 - 4155.

[216] SONG F, HU X L. Exfoliation of layered double hydroxides for enhanced oxygen evolution catalysis[J]. Nature communications, 2014, 5:4477 - 4486.

[217] LUO J S, IM J H, MAYER M T, et al. Water photolysis at 12.3% efficiency via perovskite photovoltaics and Earth - abundant catalysts[J]. Science, 2014, 345(6204):1593 - 1596.

[218] WORSLEY M A, SHIN S J, MERRILL M D, et al. Ultralow density, monolithic WS_2, MoS_2, and MoS_2/graphene aerogels[J]. ACS Nano, 2015, 9(5):4698 - 4705.

[219]THANGASAMY P, OH S, NAM S, et al. Rose - like MoS_2 nanostructures with a large interlayer spacing of 9.9 Å and exfoliated WS_2 nanosheets supported on carbon nanotubes for hydrogen evolution reaction[J]. Carbon, 2020, 158:216 - 225.

[220]BUTLER S Z, HOLLEN S M, CAO L Y, et al. Progress, challenges, and opportunities in two - dimensional materials beyond graphene[J]. ACS Nano, 2013, 7(4):2898 - 2926.

[221]XIA D C, ZHOU L, QIAO S, et al. Graphene/Ni - Fe layered double - hydroxide composite as highly active electrocatalyst for water oxidation[J]. Materials Research Bulletin, 2016, 74:441 - 446.